Aldo Holguín

Supercondutividade e magnetismo, binómio sustentável

Aldo Holguín

Supercondutividade e magnetismo, binómio sustentável

ScienciaScripts

Imprint
Any brand names and product names mentioned in this book are subject to trademark, brand or patent protection and are trademarks or registered trademarks of their respective holders. The use of brand names, product names, common names, trade names, product descriptions etc. even without a particular marking in this work is in no way to be construed to mean that such names may be regarded as unrestricted in respect of trademark and brand protection legislation and could thus be used by anyone.

Cover image: www.ingimage.com

This book is a translation from the original published under ISBN 978-620-2-06564-1.

Publisher:
Sciencia Scripts
is a trademark of
Dodo Books Indian Ocean Ltd. and OmniScriptum S.R.L publishing group

120 High Road, East Finchley, London, N2 9ED, United Kingdom
Str. Armeneasca 28/1, office 1, Chisinau MD-2012, Republic of Moldova, Europe
Printed at: see last page
ISBN: 978-620-7-85847-7

Índice

Resumo

A investigação foi realizada para encontrar materiais que, no seu estado natural e à temperatura ambiente, apresentem os efeitos da supercondutividade na região vulcânica dos desertos do Altar em Sonora e Baja California Norte. Foram recolhidas aleatoriamente 1000 amostras de materiais de diferentes locais da região e submetidas a testes electromagnéticos para determinar os seus parâmetros de resistência eléctrica, magnetismo, temperatura e condutividade. Apenas se verificou que os efeitos da supercondutividade sobre eles só ocorrem a temperaturas muito baixas corroborando o que já foi feito noutras investigações, no entanto nada indica que não exista nenhum material ou uma combinação de materiais que possa produzir os efeitos da supercondutividade a outras temperaturas pelo que se sugere que se continue a procurar estes materiais e/ou que se desenvolva uma técnica à temperatura ambiente que permita imitar o comportamento dos átomos quando a supercondutividade ocorre a temperaturas próximas do zero absoluto.

Dedicação

Dedico esta investigação à Ciência, que, juntamente com a minha compreensão, se encarregou de me trazer à mente mais perguntas do que respostas.

Aldo

Agradecimentos

Quero agradecer, nestas linhas, a ajuda que muitas pessoas e colegas me prestaram durante o processo de investigação deste trabalho.

Gostaria também de expressar o meu agradecimento à Universidade Estatal de Sonora (UES) pelas instalações disponibilizadas para a realização bem sucedida do trabalho de investigação. Da mesma forma, agradeço aos seus programas de Engenheiro Industrial, Engenheiro Industrial em Eletrónica, Engenheiro Industrial em Produção e Engenheiro em Mecatrónica da Unidade Académica San Luis Rio Colorado, especialmente aos estudantes e professores, pela sua ajuda e participação na investigação.

É também oportuno que, na justiça e honrando a pessoa homenageada, agradeça ao Programa de Aperfeiçoamento dos Professores (PROMEP) hoje Programa de Desenvolvimento Profissional Docente (PRODEP) por ter financiado o projeto de investigação, uma vez que sem o seu financiamento esta investigação poderia ter sido realizada.

Gostaria também de aproveitar esta oportunidade para agradecer a todas e cada uma das pessoas que, direta ou indiretamente, me apoiaram para ultrapassar todos os obstáculos e concluir com êxito o trabalho de investigação.

Por último, agradeço a Deus por me ter permitido entrar no fascinante mundo da investigação e agradeço à minha família pela sua paciência, apoio e compreensão.

Capítulo I. Introdução

1.1. Antecedentes

Há alguns anos atrás, mesmo antes da Revolução Industrial, era muito difícil falar sobre a poupança de energia ou o consumo excessivo da mesma, uma vez que quase não existiam as máquinas diferentes que vemos atualmente. O número de carros era apenas uma pequena parte do que é agora, e o consumo de combustível não pode ser comparado com o que é utilizado atualmente. A energia aumentou e, com ela, a poluição, razão pela qual processos naturais como o efeito de estufa ou as chuvas ácidas são hoje agentes perigosos com consequências muito nefastas, como o aquecimento global. Por isso, uma das prioridades da política energética, tanto no nosso país como no resto do mundo, é atingir o mais alto grau de eficiência no consumo de energia.

Nos dias atuais, com um mundo cada vez mais contaminado por grandes quantidades de resíduos tóxicos, é imprescindível buscar através de uma reflexão e análise criteriosa novas alternativas, estratégias e técnicas cuja concorrência neste cenário levará a uma ação imediata no uso sustentável da Energia, através da geração e aplicação do conhecimento, o que demanda uma pronta participação em prol do meio ambiente (Holguin, 2014). Para tanto, este projeto concentra a possibilidade de geração e aplicação de conhecimentos confiáveis e válidos através da prática da pesquisa, e em seguida, a oportunidade de identificar as diferentes alternativas de supercondutividade e magnetismo, utilizando as ferramentas necessárias para gerar novas visões, que acompanhadas de técnicas inovadoras, ajudem a suprir as deficiências existentes em termos de sustentabilidade e, consequentemente, reduzir os índices de poluição decorrentes da produção de energia elétrica.

1.2. Justificação

Desenvolvimento sustentável, termo aplicado ao desenvolvimento económico e social do presente sem comprometer as gerações futuras (Passos, 2011). Noção que pondera a existência de dois conceitos fundamentais no uso e gestão sustentável dos recursos naturais do planeta. O primeiro é que as necessidades básicas da humanidade devem ser atendidas. O segundo, a partir de uma abordagem tecnológica e de organização social, enfatiza a capacidade da biosfera de absorver os efeitos da atividade humana. O posicionamento favorece o desenvolvimento de uma nova era que inclui as necessidades ambientais (Rivas, 2004).

Neste sentido, os objectivos desta investigação são estudar a supercondutividade e o magnetismo em diferentes materiais, principalmente em zonas desérticas e zonas vulcânicas e assim encontrar novos condutores de eletricidade, para um consumo mais eficiente de energia eléctrica, contribuir para a sustentabilidade do planeta com a redução das emissões e a exploração cuidada dos recursos naturais da região, de forma a garantir a sua utilização futura e coligadamente favorecer as condições de vida das gerações vindouras.

Atualmente a utilização da eletricidade é fundamental para a realização de grande parte das nossas actividades; graças a este tipo de energia temos uma melhor qualidade de vida, bastando carregar em botões para obter luz, calor, frio, imagem ou som. A sua utilização é indispensável e dificilmente paramos para pensar na sua importância e nos benefícios de a utilizar de forma mais eficiente. A poupança de energia eléctrica é um elemento fundamental para a utilização dos recursos energéticos; Poupar equivale a reduzir o consumo de combustíveis na produção de eletricidade, evitando a emissão de gases poluentes para a atmosfera.

O nosso país tem muitas fontes de energia. No México, a maior parte da produção de eletricidade é feita através do petróleo, do carvão e do gás natural, o que tem um impacto significativo no ambiente por depender de recursos não renováveis, como os combustíveis fósseis. A sua utilização emite uma grande quantidade de gases com efeito de estufa, que provocam o aquecimento global da Terra, cujos efeitos se estão a manifestar e são devastadores.

A energia eléctrica é de grande importância no desenvolvimento da sociedade, a sua utilização permite a automatização da produção, aumenta a produtividade e melhora em todos os sentidos as condições de vida do homem. É necessário economizar eletricidade, porque isso permite poupar petróleo e divisas que podem ser investidas noutros ramos da economia, da educação, da investigação ou da cultura. É por isso que se tomam medidas para a sua poupança, porque as termoeléctricas constituem a nossa principal fonte de energia eléctrica, o aumento da procura de eletricidade deve aumentar a capacidade de produção das centrais eléctricas, razão pela qual é necessário desenvolver novas tecnologias de produção e uma dessas formas é a utilização da supercondutividade e do magnetismo.

1.3. Problemático

O Homem de hoje deve assumir um comportamento responsável em termos da necessidade de poupar energia eléctrica, com a consequente contribuição para a proteção do ambiente, na sociedade atual e futura. Por esta razão a energia eléctrica poupada é uma importante reserva de recursos, preciosa e esgotável, além de que a obtenção de eletricidade é normalmente um processo dispendioso e devemos aprender a utilizá-la de forma eficiente e sustentável.

A supercondutividade é a propriedade de alguns materiais que quando a sua temperatura desce abaixo da chamada temperatura crítica, abruptamente deixam de resistir à passagem de uma corrente eléctrica, formando um supercondutor e que ao aproximar-se de um campo magnético apresenta um fenómeno diamagnético. Consequentemente teremos um aumento considerável da energia eléctrica e também um melhor controlo sobre os movimentos sem atritos mecânicos (Magana, 2012).

Todos nós devemos colaborar para poupar energia e dar-lhe a importância que este assunto realmente merece, se quisermos preservar a vida do globo para benefício das gerações actuais e futuras.

1.4. Objetivo geral

Utilizar os benefícios da supercondutividade e do magnetismo na produção, distribuição e consumo de energia eléctrica, de forma a contribuir para o desenvolvimento sustentável da região, do país e do mundo.

1.5. Objectivos específicos

- Documentar a situação atual ou n da supercondutividade e do magnetismo.
- Identificar oportunidades de contribuição ou n da supercondutividade e do magnetismo para o desenvolvimento sustentável.
- Identificar materiais supercondutores.
- Diamagn é ticos identificam materiais.
- Identificar oportunidades de contribuição para a ciência no domínio da supercondutividade e do magnetismo.
- Identificar oportunidades de contribuição para o desenvolvimento tecnológico ou n orlógico no domínio da supercondutividade e do magnetismo.

1.6. Declaração do problema

A energia eléctrica é a forma de energia mais utilizada, uma vez produzida e disponível para os utilizadores, é a fonte que movimenta todo o sistema social, serve para o funcionamento de vários aparelhos eléctricos domésticos e é necessária para o funcionamento da indústria e para a iluminação da cidade. Sem a eletricidade a convivência do homem seria muito mais difícil, por isso a disponibilidade de energia é um fator fundamental para o desenvolvimento e crescimento económico de cada nação, a sua utilização eficiente, bem como o seu uso responsável, são essenciais para a sustentabilidade do país.

Dado o crescimento da procura, o sector enfrenta riscos de fracasso, aumento dos custos, racionamento a curto prazo e risco de fracasso a longo prazo.

A atual situação energética está a impor às indústrias consumidoras de energia eléctrica a necessidade de implementar planos que visem a gestão eficiente do consumo de energia eléctrica, de forma a permitir planear estratégias que produzam resultados positivos para a empresa e para a sociedade em geral.

A utilização eficiente da energia eléctrica permite reduzir os custos gerais de produção. Pode-se, portanto, dizer que a maioria das instalações eléctricas desperdiça 20% ou mais da eletricidade que é adquirida pelas empresas de distribuição de eletricidade devido à inadequada seleção e operação dos equipamentos e sistemas de distribuição de eletricidade (Sinche e Urbina, 2011).

As principais perdas eléctricas resultam da utilização de motores, transformadores e linhas de distribuição. No sector industrial, cerca de 70% do consumo total de eletricidade é feito por motores eléctricos, o que constitui um dos principais objectivos de qualquer programa de eficiência energética eléctrica, não só no caso de novos projectos, mas também em situações de substituição de equipamentos existentes (Sinche e Urbina, 2011).

1.7. Hipótese

Através da utilização da supercondutividade e do magnetismo, será possível obter uma utilização de 100% da energia eléctrica gerada com a nova tecnologia e em prol do desenvolvimento sustentável.

1.8. Quadro teórico

O desenvolvimento sustentável é um conceito que visa um crescimento económico e social que respeite o ambiente. Baseia-se no desenvolvimento económico que promove iniciativas financeiramente viáveis, eficientes no uso dos recursos naturais, que melhoram a qualidade de vida da sociedade, e que contribuem para a redução dos impactos ambientais das actividades produtivas, como a geração de energia eléctrica. Comissão Nacional para o Uso Eficiente de Energia (CONUEE, 2011).

Na sua Cimeira Mundial de 2005, a Assembleia Geral das Nações Unidas referiu-se às três componentes do desenvolvimento sustentável: desenvolvimento económico, desenvolvimento social e proteção do ambiente como "pilares interdependentes que se reforçam mutuamente"

(Http://www2.ohchr.org/spanish/bodies/hrcouncil/docs/gaA.RES.60.1_Sp.pdf).

O desenvolvimento sustentável no sector da eletricidade é uma prioridade para o Secretariado da Energia. Por conseguinte, e especialmente no âmbito da reforma do sector da energia recentemente aprovada, será promovida a implementação de projectos com os seguintes elementos

- A produção de eletricidade ao mais baixo custo,
- A implementação de iniciativas de energia limpa com responsabilidade social, e
- A participação das comunidades no processo de tomada de decisões para a execução dos projectos do sector.

O desenvolvimento sustentável no sector da eletricidade produz benefícios tangíveis para o desenvolvimento regional e incentiva o desenvolvimento de cadeias produtivas, em particular na indústria das energias limpas:

- O Pacto Global: Uma iniciativa voluntária em que as empresas se comprometem a alinhar as suas estratégias e operações com dez princípios universalmente aceites em quatro áreas temáticas: direitos humanos, normas laborais, ambiente e anti-corrupção.

(Http://www.unglobalcompact.org/languages/spanish).

- REN 21: Rede global para a promoção de políticas de energias renováveis que reúne governos, organizações internacionais e indústria associações, instituições académicas e sociedade civil. O seu objetivo é o desenvolvimento das energias renováveis para reduzir os efeitos das alterações climáticas, garantir a segurança energética e combater a pobreza. (Http://www.ren21.net).
- IRENA: Organização intergovernamental que apoia países como o México na sua transição para um futuro energético sustentável e actua como uma plataforma de cooperação internacional para a criação de empregos relacionados com as energias renováveis. (Http://www.irena.org).

No que diz respeito à participação das comunidades no processo de tomada de decisões para a execução dos projectos, a Subsecretaria de Eletricidade promove acções estratégicas para garantir um funcionamento do sector elétrico no México que responda aos princípios do desenvolvimento sustentável. Em 2014, foram desenvolvidas acções específicas em matéria de direitos humanos e sustentabilidade social, pelo que este projeto deve cumprir rigorosamente as Regras Oficiais Mexicanas, conforme apropriado.

Normas Oficiais Mexicanas sobre Eficiência Energética Eficaz (ver documentos)

NOM-004-ENER-2008. Eficiência energética das bombas e do conjunto motor-bomba, para bombagem de água limpa, em potências de 0,187 kW a 0,746 kW. Limites, métodos de ensaio e de etiquetagem.

NOM-005-ENER-2012. Eficiência energética das máquinas de lavar roupa eléctricas para uso doméstico: limites, método de ensaio e rotulagem.

NOM-006-ENER-1995. Eficiência energética eletromecânica em sistemas de bombagem de poços profundos em funcionamento - Limites e método de ensaio.

NOM-007-ENER-2004. Eficiência energética dos sistemas de iluminação em edifícios não residenciais.

NOM-008-ENER-2001. Eficiência energética em edifícios, envolvente de edifícios não residenciais.

NOM-009-ENER-1995. Eficiência energética no isolamento térmico industrial.

NOM-010-ENER-2004. Eficiência energética do conjunto motor da bomba submersível para poços profundos. Limites e método de ensaio.

NOM-011-ENER-2006 Eficiência energética em aparelhos de ar condicionado do tipo central, combinado ou split. Limites, métodos de ensaio e rotulagem.

NOM-013-ENER-2013. Eficiência energética dos sistemas de iluminação rodoviária.

CLARIFICAÇÃO à Norma Oficial Mexicana NOM-013-ENER-2013, Eficiência energética para sistemas de iluminação em estradas.

NOM-014-ENER-2004. Eficiência energética dos motores de corrente alternada, indução monofásica em gaiola de esquilo, arrefecidos a ar, com uma potência nominal de 0,180 a 1,500 kW. Limites, método de ensaio e marcação.

NOM-015-ENER-2012. Eficiência energética dos aparelhos frigoríficos e congeladores - Limites, métodos de ensaio e rotulagem.

NOM-016-ENER-2010. Eficiência energética dos motores de corrente alternada, indução trifásica tipo gaiola de esquilo, potência nominal de 0,746 a 373 kW. Limites, método de ensaio e marcação.

NOM-017-ENER ISCFI-2012. Eficiência energética e requisitos de segurança das lâmpadas fluorescentes compactas com balastro próprio. Limites e métodos de ensaio.

NOM-018-ENER-2011. Isolamento térmico de edifícios. Características, limites e métodos de ensaio.

NOM-019-ENER-2009. Eficiência térmica e eléctrica de máquinas tortilladoras mecanizadas. Limites, método de ensaio e marcação.

NOM-020-ENER-2011. Eficiência energética em edifícios, Envolvente de edifícios para uso residencial.

***NOM-021-ENERI* SCFI-2008.** Eficiência energética, requisitos de segurança do utilizador em aparelhos de ar condicionado ambiente. Limites, métodos de ensaio e rotulagem.

NOM-022-ENER I SCFI-2008. Eficiência energética e requisitos de segurança do utilizador para aparelhos de refrigeração comercial autónomos. Limites, métodos de ensaio e rotulagem.

NOM-023-ENER-2010. Eficiência energética em aparelhos de ar condicionado do tipo split, de descarga livre e sem condutas de ar. Limites, método de ensaio e rotulagem.

NOM-024-ENER-2012. Características térmicas e ópticas do vidro e dos sistemas de envidraçados para edifícios. Etiquetagem e métodos de ensaio.

NOM-025-ENER-20 13. Eficiência térmica dos aparelhos domésticos para cozinhar alimentos utilizando gás de petróleo liquefeito ou gás natural. Limites, métodos de ensaio e rotulagem.

NOM-028-ENER-2010. Eficiência energética das lâmpadas de uso geral. Limites e métodos de ensaio.

RESOLUÇÃO pela qual se modifica o número 5.1 da Norma Oficial Mexicana NOM-028-ENER-2010. Eficiência energética das lâmpadas de uso geral. Limites e métodos de ensaio.

NOM-030-ENER-2012. Eficiência luminosa de lâmpadas integradas de díodos emissores de luz (LED) para iluminação geral. Limites e métodos de ensaio.

NOM-031-ENER-2012. Eficiência energética para luminárias com díodos emissores de luz (LED) para estradas e áreas públicas exteriores. Especificações e métodos de ensaio.

NOM-032-ENER-201 3. Limites máximos de potência eléctrica para equipamentos e aparelhos que exigem energia de reserva. Métodos de ensaio e rotulagem.

NOM-163-SEMARNAT-ENER-SCFI-2013. Emissões de dióxido de carbono (C02) dos gases de escape e sua equivalência em termos de eficiência de combustível, aplicáveis a veículos a motor novos com um peso bruto até 3.857 quilogramas.

1.9. Metodologia

1. Elaborar um diagnóstico da situação atual da supercondutividade e do magnetismo.
2. Identificar oportunidades para a contribuição da supercondutividade e do magnetismo para o desenvolvimento sustentável.
3. Identificar materiais supercondutores.
4. Identificar materiais diamagnéticos.
5. Efetuar ensaios laboratoriais de supercondutividade.
6. Efetuar ensaios laboratoriais de diamagnetismo.
7. Experimentação com materiais supercondutores.
8. Fazer experiências com materiais diamagnéticos.
9. Fazer experiências com materiais supercondutores e diamagnéticos.
10. Identificar oportunidades de contribuição para a ciência no domínio da supercondutividade e do magnetismo.
11. Identificar oportunidades de desenvolvimento tecnológico no domínio da supercondutividade e do magnetismo.
12. Documentar os resultados para publicação de acordo com as revistas a publicar.
13. Publicar artigos.

1.10. Orçamento

Actividades	Material (em pesos)	Equipamento (em pesos)	Gasolina (em pesos)	custo (em pesos)
Elaborar um diagnóstico da situação atual da supercondutividade e do magnetismo.	Folhas R$ 500,00 Tinta R$ 500,00 Memória USB 16 Gb R$ 2.000,00	1 porta de computador ATIL $ 22.000,00 1 Impressora. $ 3,000.00		$ 28,000.00
Identificar oportunidades para a contribuição da supercondutividade e do magnetismo para o desenvolvimento sustentável.	50 ímanes de neodímio aproximadamente R$ 8.000,00	Analisador de rede$ 60.000,00 Amperímetro de gancho R$ 10.000,00 Multímetro R$ 5.000,00 Luxómetro $ 5,000.00		$ 88,000.00
Identificar materiais supercondutores.			Amostragem Altar do Deserl $ 3.500,00	$ 3,500.00
Identificar materiais diamagnéticos.	Porta-cilindro Nitrogénio líquido Atil $4,000.00		BajaCalifórnia Amostragem $ 3,500.00	$ 7,500.00

Efetuar ensaios laboratoriais de supercondutividade.	Porta-cilindro Nitrogénio líquido Atil $4,000.00	Termo infravermelho ómetro R$ 5.000,00 Manómetro para a AZC. $2,000.00 Tacómetro. $ 1,000.00 Cronômetro R$ 500,00	$ 500.00	$ 13,000.00
Efetuar ensaios laboratoriais de diamagnetismo.	Porta-cilindro Nitrogénio líquido Atil $4,000.00		$ 500.00	$ 4,500.00
Fazer experiências com materiais supercondutores.	Porta-cilindro Nitrogénio líquido Atil $4,000.00		$ 500.00	$ 4,500.00
Fazer experiências com materiais diamagnéticos.	Cilindro de nitrogénio líquido Atil $4.000,00		$ 500.00	$ 4,500.00
Fazer experiências com materiais supercondutores e diamagnéticos.	Porta-cilindro Nitrogénio líquido Atil $4,000.00		$ 500.00	$ 4,500.00
Identificar oportunidades de contribuição para a ciência no domínio da supercondutividade e do magnetismo.	Congresso Internacional $ 25,000.00			$ 25,000.00
Identificar oportunidades de desenvolvimento tecnológico no domínio da supercondutividade e do magnetismo.	(Estância Canc a) Congresso Internacional $ 25.000,00			$ 25,000.00
Documentar os resultados para publicação ng de acordo com as revistas a publicar.	Folhas R$ 500,00 Tinta $500.00			$ 1,000.00
Artigos artísticos	$ 5,000.00			$ 5,000.00
Custo total	$91,000.00	$ 113,500.00	$ 9,500.00	**$ 214,000.00**

Nota: Este projeto foi totalmente financiado pelo PROMEP hoje PRODEP

1.11. Calendário de trabalho inicial

Activities	2015												2016												2017											
	J	F	M	A	M	J	J	A	S	O	N	D	J	F	M	A	M	J	J	A	S	O	N	D	J	F	M	A	M	J	J	A	S	O	N	D
Elaborate diagnosis of current situation of superconductivity and magnetism.	X	X	X	X	X	X																														
Identify opportunities for the contribution of superconductivity and magnetism to sustainable development.				X	X	X	X	X	X																											
Identify superconducting materials.							X	X	X	X	X	X																								
Identify diamagnetic materials.										X	X	X	X	X	X																					
Perform laboratory tests of superconductivity.													X	X	X	X	X	X																		
Perform laboratory tests of diamagnetism.																X	X	X	X	X	X															
Experiment with superconducting materials.																			X	X	X	X	X	X												
Experiment with diamagnetic materials.																						X	X	X	X	X	X									
Experimenting with superconducting materials and diamagnetic.																									X	X	X	X	X	X						
Identify opportunities for contributions to science in superconductivity and magnetism.																												X	X	X	X	X	X	X		
Identify opportunities for technological development in superconductivity and magnetism.																														X	X	X	X	X	X	X
Documenting results for publication according to journals to publish.											X	X											X	X						X	X	X	X	X		
Publish article											X	X											X	X									X	X	X	X

1.12. Calendário de trabalho reprogramado

Activities	2015												2016											
	J	F	M	A	M	J	J	A	S	O	N	D	J	F	M	A	M	J	J	A	S	O	N	D
Develop diagnostic current situation of superconductivity and magnetism.							x	x	x	x														
Identify opportunities for contribution of superconductivity and magnetism to sustainable development.							x	x	x	x	x	x												
Identifying superconductive materials.									x	x	x	x												
Identify diamagnetic materials.									x	x	x	x												
Laboratory testing of superconductivity.									x	x	x	x												
Laboratory tests diamagnetismo.									x	x	x	x												
Experimenting with superconducting materials.									x	x	x	x												
Experimenting with diamagnetic materials.									x	x	x	x												
Experimenting with superconducting materials and diamagnetic.									x	x	x	x												
Identify opportunities for contributions to science in superconductivity and magnetism.													x	x	x	x								
Identify opportunities for technological development in superconductivity and magnetism.													x	x	x	x								
Documenting results for publication according to journals to publish.																x	x	x						
Publish article																	x	x						

1.13. Calendário de trabalho efectuado

Activities	2015												2016												2017											
	J	F	M	A	M	J	J	A	S	O	N	D	J	F	M	A	M	J	J	A	S	O	N	D	J	F	M	A	M	J	J	A	S	O	N	D
Develop diagnostic current situation of superconductivity and magnetism.							X	X	X	X	X	X																								
Identify opportunities for contribution of superconductivity and magnetism to sustainable development.										X	X	X	X	X	X																					
Identifying superconductive materials.													X	X	X	X	X	X																		
Identify diamagnetic materials.																X	X	X	X	X	X															
Laboratory testing of superconductivity.																			X	X	X	X	X	X												
Laboratory tests diamagnetismo.																			X	X	X	X	X	X												
Experimenting with superconducting materials.																						X	X	X	X	X	X									
Experimenting with diamagnetic materials.																						X	X	X	X	X	X									
Experimenting with superconducting materials and diamagnetic.																						X	X	X	X	X	X									
Identify opportunities for contributions to science in superconductivity and magnetism.																						X	X	X	X	X	X									
Identify opportunities for technological development in superconductivity and magnetism.																						X	X	X	X	X	X									
Documenting results for publication according to journals to publish.																		X	X				X	X	X	X	X	X								
Publish article																							X	X	X	X	X	X								

1.14. Produtos académicos esperados

Contribuir para o progresso do fascinante mundo da ciência da supercondutividade e do magnetismo e para o desenvolvimento de tecnologias sustentáveis. Para além de reduzirem o monóxido de carbono nas centrais de produção de eletricidade, beneficiarão academicamente desta experiência os professores investigadores a tempo inteiro que integrem o projeto de grupo de apoio à supercondutividade e ao magnetismo binómio sustentável, os professores da faculdade de tecnologia do centro industrial de formação de grupos. Também os alunos mais destacados que tenham concluído os cursos de Eletricidade Industrial, Eletromagnetismo, Engenharia Eléctrica e Eletrónica de Potência.

Os resultados deste projeto serão publicados na imprensa local, regional e nacional. Também é publicado em revistas internacionais, inovação e procura de pelo menos uma patente de produtos de investigação lançados.

1.15. Âmbito da investigação

O trabalho de investigação realizado teve como objetivo encontrar materiais que exibam os efeitos da supercondutividade e do magnetismo à temperatura ambiente, para contribuir para o desenvolvimento sustentável na região desértica dos vulcões Pinacate, em Sonora, e Cerro Prieto Norte, na Baixa Califórnia.

1.16. Limitação da investigação

As seguintes limitações restringiram a investigação:

1) Falta de instrumentos de laboratório disponíveis para medições técnicas exactas. Pela caraterística técnica da investigação alguns aspectos como a medição da supercondutividade, resistência eléctrica nula, campos magnéticos, paramagnetismo, diamagnetismo, etc. Exigem instrumentos de medida específicos para cada item, com os quais não se conta no Laboratório.

и) Características das amostras. 1OOO amostras aleatórias de materiais petrificados

da região especificamente de Pinacate e Cerro Prieto foram recolhidas e submetidas a testes experimentais em busca dos dois principais efeitos da supercondutividade como a resistência eléctrica tendendo a zero e o diamagnetismo perfeito que rejeita campos magnéticos.

1.17. Organização da investigação

Para a descrição do trabalho de investigação efectuado e a apresentação dos resultados obtidos no Capítulo 1, é apresentada a introdução que descreve o trabalho de investigação realizado.

O Capítulo 2 apresenta o enquadramento teórico, o capítulo está organizado em três secções. Na primeira, relativa ao estado da arte em que se encontram outras investigações realizadas por outros académicos sobre o tema da supercondutividade, na segunda, relativa ao estado da arte em que se encontram outras investigações realizadas por outros académicos sobre o tema do magnetismo e, na terceira, relativa ao estado da arte em que se encontram outras investigações realizadas por outros académicos sobre o tema da sustentabilidade.

O capítulo 3 corresponde à secção da metodologia e é composto por cinco secções: a primeira corresponde à apresentação de uma visão geral da região, a segunda à metodologia considerada para o desenvolvimento da investigação, a terceira corresponde ao método considerado no trabalho de campo onde o procedimento detalhado foi desenvolvido, a quarta corresponde às técnicas ou métodos utilizados nos testes e a quinta corresponde à análise dos dados.

O capítulo 4 corresponde à análise dos resultados e inclui duas secções principais: a primeira corresponde à descrição dos resultados da literatura e a segunda corresponde à descrição dos resultados do campo de investigação.

O capítulo 5 corresponde à discussão e às conclusões compostas por seis secções: a primeira é a discussão da investigação, a segunda corresponde aos resultados da investigação, a terceira corresponde às recomendações, a quarta corresponde à investigação futura, no quinto parágrafo são enumeradas as referências utilizadas e na sexta e última secção são apresentados os anexos da investigação.

Capítulo II Quadro teórico

Para conseguir uma compreensão clara deste documento e evitar ambiguidades na sua interpretação, neste capítulo definem-se e conceptualizam-se os termos que se consideram necessários para este fim. Além disso, para conseguir uma melhor explicação, este quadro está dividido em duas secções: o binómio sustentável Supercondutividade e Magnetismo e o quadro concetual, que por sua vez está dividido em três secções: a supercondutividade, o magnetismo e, finalmente, a sustentabilidade.

2.1. Supercondutividade e magnetismo binomial sustentável

A supercondutividade em materiais de estado sólido tem a capacidade de conduzir eletricidade sem perda de energia, o que constitui um dos fenómenos mais surpreendentes descobertos no século XX. É também importante para as aplicações actuais e potenciais deste fenómeno.

O metal convencional, ou, e a cerâmica, ou a alta temperatura crítica: Atualmente, são conhecidos dois tipos principais de supercondutores. Neste último é possível observar a supercondutividade a temperaturas superiores a 100 K, enquanto que no metal apenas se observa abaixo de 30 K. A Física do Estado Sólido ensina-nos que a supercondutividade é uma propriedade de uma nova fase da matéria, designada por fase supercondutora, que possui propriedades notáveis, principalmente associadas a outras magnéticas na natureza.

Nos supercondutores convencionais, a supercondutividade é entendida em termos de uma interação peculiar entre os electrões e os fonões de valência, que geram novas formas de organização dos estados electrónicos e, consequentemente, das propriedades do sólido.

Nos supercondutores de elevada temperatura crítica a origem da supercondutividade é um problema em aberto para o qual algumas das investigações mais recentes sugerem uma visão semelhante à convencional, mas geraram interacções de reorganização eletrónica de natureza magnética, fruto de uma importante atividade de investigação desenvolvida ao longo do século XX, que em várias ocasiões foi reconhecida Prémio Nobel atribuído a investigadores pelos seus trabalhos sobre magnetismo nos sólidos e sobre supercondutividade, tais como:

- Heike Kamerlingh Onnes (1913): Observação das propriedades da matéria a baixas temperaturas (em particular da supercondutividade nos metais).
- Lev Davidovich Landau (1962): Teorias da Física da Matéria Condensada, incluindo investigação em magnetismo e supercondutividade.

- Louis Eugène Félix Neel (1970): Investigações sobre a ordem magnética nos sólidos: antiferromagnetismo e ferrimagnetismo.

- John Bardeen, Leon Neil Cooper, John Robert Schrieffer (1972): Desenvolvimento da teoria da supercondutividade em metais (teoria BCS).

- Ivar Giaever, Brian David Josephson (1973): Manifestações do efeito túnel em supercondutores.

- Philip Warren Anderson, Sir Nevill Francis Mott, John Hasbrouck van Vleck (1977): Investigações teóricas sobre a estrutura eletrónica de sistemas magnéticos e sistemas desordenados.

- J. Georg Bednorz, K. Alexander Müller (1987): Observação de supercondutividade em materiais cerâmicos.

- Bertram N. Brockhouse, Clifford G. Shull (1994): Desenvolvimento de técnicas espectroscópicas para a observação da ordem magnética em sólidos.

- Alexei A. Abrikosov, Vitaly L. Ginzburg, Anthony J. Leggett (2003): Contribuições para as teorias da supercondutividade e da superfluidez.

- Albert Fert, Peter Grünberg (2007): Descoberta da magnetoresistência gigante.

De acordo com a Física do Estado Sólido, os constituintes básicos de um sólido são uma rede e um ião gasoso de electrões de valência. As bandas de energia dos fões fornecem um quadro teórico para a compreensão da Física Quântica dos Sólidos assim descrita, conhecida por Física Estatística, que permite determinar as contribuições das propriedades iónicas e electrónicas da dinâmica dos sólidos.

O desenvolvimento destas ideias, constitui o corpo de conhecimentos básicos sobre este tema, no entanto, este não se esgota nos fónons e na teoria das bandas: a estrutura interna dos iões, as propriedades quânticas dos electrões de valência e as interacções muitas características de uma fase condensada da matéria dos corpos dão origem a uma variedade de propriedades e fenómenos de enorme interesse científico e técnico, entre os quais se destacam o magnetismo dos sólidos e a supercondutividade (Miranda, 2008), que contribuem para um desenvolvimento sustentável.

A utilização e o uso adequado dos recursos naturais renováveis com o objetivo de fornecer energia limpa remonta à década de 70, quando ocorreram importantes acontecimentos mundiais no mercado petrolífero, provocando nos anos seguintes um aumento significativo desta fonte de energia não renovável. Situação que gerou uma tomada de consciência global que provocou o ressurgimento do interesse de acções preventivas sobre o abastecimento e o preço futuro da energia. Com isso, os países consumidores, diante dos altos custos do petróleo e da dependência quase total do petróleo, tiveram que mudar costumes e buscar opções para reduzir sua dependência de fontes não renováveis.

De acordo com o relatório da Comissão Mundial sobre Ambiente e Desenvolvimento (1987), "O Nosso Futuro Comum" define desenvolvimento sustentável (termo utilizado internacionalmente) como a satisfação das necessidades da geração atual sem comprometer a capacidade das gerações futuras de satisfazerem as suas próprias necessidades. Visão que estabeleceu que o desenvolvimento sustentável funcionará como um princípio orientador para o desenvolvimento global a longo prazo, porque procura promover harmoniosamente o desenvolvimento económico, o desenvolvimento social e a proteção do ambiente.

Uma das alternativas energéticas de grande impacto para o desenvolvimento sustentável é a utilização de energias alternativas, que tem um impacto substancial no desenvolvimento económico, na melhoria da qualidade de vida das pessoas e uma contribuição substancial para a proteção do ambiente. Através da utilização e do aproveitamento racional dos recursos naturais renováveis.

Hoje, esta tendência é observada por vários países que estabeleceram directrizes para a utilização de energias alternativas e a proteção das energias não renováveis, que estão a cumprir regulamentos e compromissos para a melhor utilização do chamado "ouro negro" e a redução dos gases com efeito de estufa ou do aquecimento global. No entanto, países como os Estados Unidos, Alemanha, Espanha e Israel apresentam um crescimento muito rápido do número de instalações que tiram partido das energias alternativas, como a solar, direta ou indiretamente através das suas manifestações secundárias.

O México está a trabalhar em duas linhas de impacto. Em primeiro lugar, com a formação de profissionais com conhecimentos integrais no domínio das energias alternativas capazes de criar, melhorar e manter sistemas de produção industrial e em grande escala e equipamentos comerciais para uso doméstico, através de carreiras profissionais em energia e da modificação dos currículos com disciplinas centradas na produção, qualidade e eficiência energética. E, em segundo lugar, com o desenvolvimento de tecnologia para a implementação e melhoria de sistemas de produção de energia através de recursos renováveis. Exemplos destes sistemas de produção são as centrais eólicas instaladas no Istmo de Tehuantepec e na Baixa Califórnia, bem como as centrais hidroeléctricas localizadas em Chiapas e Nayarit, entre outras.

Ainda há uma grande lacuna a ser diminuída para que a maioria das pessoas tenha acesso a esses sistemas de produção e uso eficiente de energia, considerando aspectos relevantes para a poluição, as mudanças climáticas, o uso de derivados de petróleo, as técnicas convencionais de produção e desenvolvimento de energia e a pesquisa científica para o desenvolvimento sustentável utilizando os benefícios da supercondutividade e do magnetismo (CONAE).

2.2. Quadro concetual

Nesta secção baseia-se inicialmente a supercondutividade, posteriormente os supercondutores de tipo I e finalmente os supercondutores de tipo II.

2.2.1. Supercondutividade

A transição de um material do estado normal para o estado supercondutor pode ser muito bem definida, mas nos materiais supercondutores do tipo metálico existem algumas características que não se alteram com a transição para o estado supercondutor, entre as quais podemos destacar as seguintes:

1) O padrão de difração dos raios X não se altera. Isto significa que na rede cristalina não há alterações na simetria. Também não há alteração na intensidade do padrão de difração, indicando que praticamente não há alteração na estrutura eletrónica.

2) Não há alteração apreciável nas propriedades ópticas do material, embora estas estejam normalmente relacionadas com a condutividade eléctrica.

3) Na ausência de um campo magnético aplicado à amostra, não há calor latente na transição.

4) As propriedades elásticas e de expansão térmica não se alteram na transição. Por outro lado, há algumas propriedades que se alteram ao fazer a transição para o estado supercondutor como:

A) As propriedades magnéticas, que apresentam uma mudança radical. No estado supercondutor puro, praticamente não há penetração de fluxo magnético no material.

B) Calor específico, que se altera de forma descontínua à temperatura de transição. Na presença de um campo magnético, existe também um calor latente de transformação.

C) Todos os efeitos termoeléctricos desaparecem no estado supercondutor.

D) A condutividade térmica muda de forma descontínua quando a supercondutividade é destruída na presença de um campo magnético. Não se esperava que materiais deste tipo apresentassem temperaturas de transição tão elevadas para o estado supercondutor, razão pela qual não tinham sido explorados anteriormente. No início de 1987, foram obtidas informações sobre temperaturas de transição tão elevadas como as alcançadas no composto cerâmico HgBa2Ca2Cu3O8 + x (133K). Estes novos materiais são bastante complicados, pela forma da sua estrutura e pelas características das suas propriedades. O seu estudo e compreensão têm decorrido com bastante dificuldade desde a sua descoberta. Ainda assim, a transição para o estado supercondutor não é claramente compreendida. Há indicações de que é possível atingir uma temperatura de transição ainda mais elevada.

Durante as investigações realizadas foi possível constatar que o oxigénio desempenha um papel crucial no aparecimento do estado supercondutor e no elevado valor da temperatura crítica juntamente com o cobre. Começa-se também a ter a certeza de que o efeito de dimensionalidade é muito importante, o que significa que nestes materiais os fenómenos dominantes para a supercondutividade ocorrem em duas dimensões. Este espaço bidimensional corresponde às camadas da estrutura do material onde se encontram o cobre e o oxigénio.

Existem trinta metais puros que apresentam uma resistividade nula a baixas temperaturas e têm a propriedade de excluir os campos magnéticos do interior do supercondutor (efeito Meissner). São os chamados supercondutores de tipo I. A supercondutividade só existe abaixo das suas temperaturas críticas e abaixo de uma intensidade de campo magnético crítica. Os supercondutores de tipo I são bem descritos na teoria BCS.

A partir de 1930, começando com as ligas de chumbo-bismuto, verificou-se que algumas ligas tinham supercondutividade; são designadas supercondutores de tipo II. Verificou-se que tinham campos críticos muito mais elevados e, por conseguinte, podiam transportar densidades de corrente muito mais elevadas enquanto permaneciam no estado supercondutor.

As variedades de cerâmicas de óxido de bário-cobre que atingiram o estado supercondutor a temperaturas muito mais elevadas são frequentemente designadas por supercondutores de alta temperatura e constituem uma classe separada.

1.1.1.1. Supercondutores de tipo I

Os trinta metais puros enumerados no quadro seguinte são designados supercondutores de tipo I. As características de identificação são: resistividade eléctrica nula abaixo de uma temperatura crítica, que é indicada em graus Kelvin, campo magnético interno nulo (efeito Meissner) e um campo magnético crítico acima do qual a supercondutividade cessa.

Tabela. Tipo de materiais supercondutores

Material	Tc (º K)	Material	Tc (º K)	Material	Tc (º K)	Material	Tc (º K)
Ser	0	Mo	0,92	Al	1,2	Ta	4,47
Rh	0	Zr	0,546	Pa	1,4	V	5,38
W	0,015	Cd	0,56	O	1,4	La	6,00
Ir	0,1	U	0,2	Re	1,4	Pb	7,193
Lu	0,1	Ti	0,39	Tl	2,39	Tc	7,77
Hf	0,1	Zn	0,85	Em	3,408	Nb	9,46
Ru	0,5	Ga	1,083	Sn	3,722		
Os	0,7	Gd	1,1	Hg	4,153		

A supercondutividade nos supercondutores de tipo I é bem modelada pela teoria BCS, que se baseia em pares de electrões acoplados por interacções de rede vibracional. Surpreendentemente, os melhores condutores à temperatura ambiente (ouro, prata e cobre) não se convertem de todo em supercondutores. Estes têm as vibrações de rede mais pequenas, pelo que o seu comportamento se correlaciona bem com a teoria BCS.

Embora instrutivo na compreensão da supercondutividade, o supercondutor de tipo I tem tido uma utilidade prática limitada porque os campos magnéticos críticos são tão pequenos que o estado supercondutor desaparece subitamente a essa temperatura. Os supercondutores de tipo I são por vezes chamados supercondutores "moles", enquanto os supercondutores de tipo II são "duros", mantendo o estado supercondutor a temperaturas e campos magnéticos mais elevados (Rohlf, Cap. 15).

4.2.1.2. Supercondutores de tipo II

Os supercondutores fabricados com ligas são designados supercondutores de tipo II. Para além de serem mecanicamente mais duros do que os supercondutores de Tipo I, apresentam campos magnéticos mais elevados. Os supercondutores de Tipo II, como o nióbio-titânio (NbTi), são utilizados na construção de ímanes supercondutores para grandes campos.

Os supercondutores de tipo II existem normalmente num estado misto de regiões normais e supercondutoras. Este estado é por vezes designado por estado de vórtice, porque os vórtices de correntes supercondutoras rodeiam filamentos ou núcleos de material normal. A tabela abaixo mostra alguns materiais do tipo II com a sua temperatura de transição em graus Kelvin e o seu campo magnético crítico em Teslas.

Tabla. Materiais Tipo II

Material	Temperatura de transição (K)	Crítico Campo (T)
NbTi	10	15
PbMoS	14.4	6.0
V_3 Ga	14.8	2.1
NbN	15.7	1.5
V_3 Si	16.9	2.35
Nb_3 Sn	18.0	24.5
Nb_3 Al	18.7	32.4
Nb_3 (AlGe)	20,7	44
Nb_3 Ge	23.2	38

De Blatt$_j$ Física Moderna

2.2.2. Magnetismo

Desde a Antiguidade que as propriedades da magnetite (Fe3O4) são conhecidas. Tales de Mileto tentou explicar este fenómeno, mas com um conceito de matéria insuficiente, incapaz de separar os conceitos de matéria e de força. Atribuiu o magnetismo à presença de uma alma na pedra magnetizada Sócrates (470-399 a.C.) observou que esta atraía objectos de ferro e lhes transferia propriedades atractivas, conseguindo suspender uma cadeia de anéis com um único íman. As lendas chinesas falam da sua utilização como bússola (83 a.C.) marcando o sul e num livro militar de 1084 descreve-se como fazer uma bússola.

Podemos definir um íman como uma substância capaz de exercer uma atração sobre o ferro e algumas outras substâncias, a que chamaremos substâncias férricas. A força exercida pelos ímanes depende da distância; se afastarmos o íman do ferro diminui a força com que o atrai, que aumenta quando o aproximamos. Os ímanes podem ser naturais ou artificiais, a magnetite é um íman natural, alguns ímanes são permanentes que mantêm as suas propriedades magnéticas como o aço e outros são temporários que só actuam como ímanes em determinadas circunstâncias como o ferro doce. A utilização de ímanes na navegação remonta, pelo menos, ao século XI.

Em 1269, Pierre de Maricourt, ao esféricoizar um íman e ao trazer-lhe pequenas agulhas de aço, provou que estas se orientavam na sua superfície de uma certa forma em cada ponto. Ao traçar as linhas que sugeriam tais orientações, verificou que elas eram cortadas em dois pontos opostos da esfera, exatamente onde se segurava a agulha vertical.

Observou também que esses pontos estavam sempre orientados para norte e para sul. Chamei-lhes pólo norte e pólo sul e descobri que, ao aproximar dois pólos iguais, os ímanes repelem-se e, se forem opostos, atraem-se.

Em 1600, William Gilbert, postulou que a Terra agia como um poderoso íman esférico e que as bússolas estavam orientadas para os pólos magnéticos terrestres. Afirmando que os pedaços de íman também se comportam como ímanes, ou seja, sabemos que existem cargas eléctricas isoladas, mas não existem pólos magnéticos isolados, existem sempre ímanes (dipolos completos), alguns artigos têm apontado recentemente para a obtenção de monopolos, mas os seus argumentos não têm sido convincentes. Os pólos magnéticos da Terra não coincidem com os pólos geográficos, o que significa que as bússolas não indicam com exatidão o norte geográfico, a isto chama-se declinação magnética.

A ligação entre eletricidade e magnetismo só chegou ao século XIX com Oersted, (1819) quando observou que a corrente eléctrica que circula por um elemento condutor cria à sua volta um campo magnético semelhante ao de um íman. Ampere forneceu a ideia de que o magnetismo natural pode ser produzido por pequenas correntes a nível molecular. Faraday, a partir de 1821, começou a desenvolver ideias sobre a teoria dos campos e concluiu que os campos magnéticos variáveis criam campos eléctricos. Maxwell, em l860, indicou que os campos magnéticos podiam ser criados a partir de campos eléctricos variáveis e concluiu que a interação eléctrica e magnética estão relacionadas e têm a ver com a carga eléctrica.

Com a experiência de Oersted, demonstrou-se que uma barra magnética ou um cabo que transporta corrente pode influenciar outros materiais magnéticos sem lhes tocar fisicamente, porque os objectos magnéticos produzem um "campo magnético". Os campos magnéticos são normalmente representados por "linhas de campo magnético" ou "linhas de força". Em qualquer ponto, a direção do campo magnético é igual à direção das linhas de força, e a intensidade do campo é inversamente proporcional ao espaço entre as linhas. No caso de uma barra magnetizada, as linhas de força saem de uma extremidade e enrolam-se para chegar à outra extremidade; estas linhas podem ser consideradas como laços fechados, com uma parte do laço no interior do íman e outra no exterior.

Nas extremidades do íman, onde as linhas de força estão mais próximas, o campo magnético é mais intenso; nos lados do íman, onde as linhas de força estão mais separadas, o campo magnético é mais fraco. Em função da sua forma e da sua força magnética, diferentes tipos de ímanes produzem diferentes esquemas de linhas de força. A estrutura das linhas de força criadas por um íman ou por qualquer objeto que gere um campo magnético pode ser visualizada utilizando uma bússola ou limalha de ferro. Os ímanes tendem a orientar-se segundo as linhas do campo magnético. Assim, uma bússola, que é um pequeno íman que pode rodar livremente, estará orientada na direção das linhas.

Ao marcar a direção da bússola, colocando-a em diferentes pontos à volta da fonte do campo magnético, é possível deduzir o esquema da linha de força. Do mesmo modo, se se agitarem limalhas de ferro sobre uma folha de papel ou de plástico por cima de um objeto que cria um campo magnético, as limalhas orientam-se ao longo das linhas de força e permitem visualizar a sua estrutura.

Os campos magnéticos influenciam os materiais magnéticos e as partículas carregadas. Em termos gerais, quando uma partícula carregada viaja através de um campo magnético, experimenta uma força que forma ângulos rectos com a velocidade da partícula e com a direção do campo. Os campos magnéticos são utilizados para controlar as trajectórias das partículas carregadas em dispositivos como os aceleradores de partículas ou os espectrómetros de massa.

De acordo com a teoria moderna do magnetismo, este resulta do movimento dos electrões nos átomos das substâncias, pelo que o magnetismo é uma propriedade da carga em movimento e está intimamente relacionado com o fenómeno elétrico. De acordo com a teoria clássica, os átomos individuais de uma substância magnética são, de facto, pequenos ímanes com pólos norte e sul, a polaridade magnética dos átomos baseia-se principalmente no spin dos electrões e deve-se apenas em parte aos seus movimentos orbitais em torno do núcleo.

Além disso, os campos magnéticos de todas as partículas devem ser provocados por cargas em movimento e estes modelos ajudam-nos a descrever os fenómenos, pelo que os átomos de um material magnético estão agrupados em regiões magnéticas microscópicas às quais se aplica a denominação de domínios, Pensa-se que todos os átomos dentro de um domínio estão magneticamente polarizados ao longo ou ao longo de um eixo cristalino. Num material não magnetizado, estes domínios estão orientados em direcções de flor de laranjeira, um ponto é usado para indicar que uma seta está dirigida para fora do plano, e uma cruz indica uma direção para dentro do plano, se um grande número de domínios estiver orientado na mesma direção o material apresentará fortes propriedades magnéticas.

As propriedades magnéticas dos materiais são classificadas de acordo com diferentes critérios, um dos quais é dividi-los em diamagnéticos, paramagnéticos e ferromagnéticos com base na reação do material perante um campo magnético. Quando um material diamagnético é colocado num campo magnético, é induzido um momento magnético de indução na direção oposta ao campo, sabe-se agora que esta propriedade se deve às correntes eléctricas induzidas nos átomos e moléculas individuais, uma vez que estas correntes produzem momentos magnéticos opostos ao campo aplicado. Muitos materiais são diamagnéticos; os que apresentam um diamagnetismo mais intenso são o Bismuto metálico e as moléculas orgânicas que, como o Benzeno, têm uma estrutura cíclica que permite que as correntes eléctricas se estabeleçam com facilidade.

O comportamento paramagnético ocorre quando o campo magnético aplicado alinha todos os momentos magnéticos já existentes nos átomos ou moléculas individuais que compõem o material, o que produz um momento magnético global que aumenta o campo magnético. Os materiais paramagnéticos contêm frequentemente elementos de transição ou lantanídeos com electrões não emparelhados. O paramagnetismo em substâncias não metálicas é normalmente caracterizado por uma dependência da temperatura: a intensidade do momento magnético induzido varia inversamente com a temperatura, isto porque quanto mais elevada for a temperatura, mais difícil se torna alinhar os momentos magnéticos dos átomos na direção do campo magnético.

As substâncias ferromagnéticas são aquelas que, como o ferro, mantêm um momento magnético mesmo quando o campo magnético externo se torna nulo, este efeito deve-se a uma forte interação entre os momentos magnéticos dos átomos ou electrões individuais da substância magnética, que os torna paralelos entre si.

Em circunstâncias normais, os materiais ferromagnéticos estão divididos em regiões chamadas domínios; em cada domínio, os momentos magnéticos atómicos estão alinhados em paralelo. Os momentos dos diferentes domínios não apontam necessariamente na mesma direção, embora um pedaço de ferro normal possa não ter um momento magnético total, a sua magnetização pode ser induzida colocando-o num campo magnético, o que alinha os momentos de todos os domínios.

A energia utilizada na reorientação dos domínios do estado magnetizado para o estado desmagnetizado manifesta-se num atraso da resposta ao campo magnético aplicado, conhecido como histerese.

Um material aferromagnético acaba por perder as suas propriedades magnéticas quando aquecido, sendo esta perda completa acima de uma temperatura conhecida como ponto Curie, nome dado em homenagem ao físico francês Pierre Curie, que descobriu o fenómeno em 1895. (O ponto Curie do ferro metálico é de cerca de 770° C).

Nos últimos 100 anos, houve numerosas aplicações do magnetismo e dos materiais magnéticos; o eletroíman, por exemplo, é a base do motor elétrico e do transformador. Em tempos mais recentes, o desenvolvimento de novos materiais magnéticos influenciou nomeadamente a revolução dos computadores ou da informática.

É possível fabricar memórias de computador utilizando domínios de bolha. Estes domínios são pequenas regiões de magnetização, paralelas ou antiparalelas à magnetização global do material. Consoante o sentido seja um ou outro, a bolha indica um um ou um zero, pelo que funciona como um dígito no sistema binário utilizado pelos computadores. Os materiais magnéticos são também componentes importantes de fitas e discos para armazenamento de dados.

Os comboios de levitação magnética utilizam ímanes potentes para se elevarem acima dos carris e evitarem o atrito; em medicina, campos magnéticos de elevada intensidade são utilizados na exploração por ressonância magnética nuclear como instrumento de diagnóstico; os ímanes supercondutores são utilizados nos aceleradores de partículas mais potentes para manter as partículas aceleradas numa determinada trajetória.

2.2.2.1. Paramagnetismo

Propriedade dos materiais pela qual são magnetizados na mesma direção que um campo magnético aplicado. Os materiais paramagnéticos são atraídos pelos ímanes e, se o campo magnético aplicado desaparecer, o magnetismo induzido também desaparece.

O paramagnetismo é a tendência dos momentos magnéticos livres (spin ou orbitais) para se alinharem paralelamente a um campo magnético. Se estes momentos magnéticos estiverem fortemente acoplados entre si, o fenómeno será o ferromagnetismo ou o ferrimagnetismo. Quando não existe um campo magnético externo, estes momentos magnéticos estão orientados de forma aleatória.

Na presença de um campo magnético externo tendem a alinhar-se paralelamente ao campo, mas este alinhamento é contrariado pela tendência dos momentos para se orientarem aleatoriamente devido ao movimento térmico. Este alinhamento dos dipolos magnéticos atómicos com um campo externo tende a reforçá-lo, o que é descrito por uma permeabilidade magnética superior à unidade, ou, o que é o mesmo, uma suscetibilidade magnética positiva muito pequena.

No paramagnetismo puro, o campo actua independentemente sobre cada momento magnético, não havendo interação entre eles, nos materiais ferromagnéticos, este comportamento também se observa, mas apenas acima da sua temperatura de Curie. Os materiais paramagnéticos são referidos a materiais ou meios cuja permeabilidade magnética é semelhante à do vácuo, em termos físicos, diz-se que a sua permeabilidade magnética relativa tem um valor aproximadamente igual a 1. Os materiais paramagnéticos sofrem o mesmo tipo de atração e repulsão que os ímanes normais, quando sujeitos a um campo magnético, no entanto, ao remover o campo magnético, a entropia destrói o alinhamento magnético, que deixa de ser energeticamente favorecido, ou seja, os materiais paramagnéticos são materiais atraídos por ímanes, mas não se convertem em materiais permanentemente magnetizados. Alguns materiais paramagnéticos são; Ar, Alumínio, Magnésio, Titânio e Tungsténio.

A campos magnéticos baixos, os materiais paramagnéticos exibem uma magnetização na mesma reação do campo externo, e cuja magnitude é descrita pela lei de Curie (Pierre Curie 1896); A magnetização resultante é diretamente proporcional ao campo magnético aplicado (em Teslas), e inversamente proporcional à temperatura absoluta (em Kelvin), a constante de proporcionalidade é específica para cada material e é chamada a constante de Curie. Esta lei indica que os materiais paramagnéticos tendem a tornar-se cada vez mais magnéticos com o aumento do campo aplicado, e a tornar-se menos magnéticos com o aumento da temperatura.

A lei de Curie só é aplicável a campos baixos ou a temperaturas elevadas, uma vez que não descreve o fenómeno quando a maioria dos momentos magnéticos estão alinhados (quando nos aproximamos da saturação magnética). Neste ponto, a resposta do campo magnético ao campo aplicado deixa de ser linear. No ponto de saturação, a magnetização é a máxima possível, e não cresce mais, independentemente do aumento do campo magnético ou da redução da temperatura.

Os materiais paramagnéticos são constituídos por átomos e moléculas que possuem momentos magnéticos permanentes (dipolos magnéticos) mesmo na ausência de campo. Estes momentos magnéticos têm a sua origem nos spins dos electrões desemparelhados nas orbitais moleculares presentes em muitos metais e materiais paramagnéticos.

Isto tem consequências quando um campo magnético é aplicado ao material, uma vez que um spin alinhado com o campo tem menos energia do que os anti-alinhados e a energia conjunta de todos os electrões livres deve somar aproximadamente a energia de Fermi, para manter essa energia constante.

Na ausência de campo, as populações de spins alinhados e anti-alinhados são mais ou menos as mesmas, mas na presença de campo é necessário aumentar o número de alinhados e diminuir o número de desalinhados, uma vez que o número de momentos magnéticos alinhados acaba por ultrapassar o de anti-alinhados, existindo uma magnetização líquida que produz um campo magnético que se soma ao campo magnético externo.

2.2.2.2. Diamagnetismo

É uma propriedade dos materiais que consiste em serem repelidos pelos ímanes. É o oposto dos materiais ferromagnéticos que são atraídos pelos ímanes. O fenómeno do diamagnetismo foi descoberto e nomeado pela primeira vez em setembro de 1845 por Michael Faraday, quando viu um pedaço de bismuto que era repelido por qualquer pólo magnético; indicando que o campo externo do íman induz um dipolo magnético no sentido oposto ao do bismuto.

As substâncias são maioritariamente diamagnéticas, uma vez que todos os pares de electrões com spin oposto contribuem fracamente para o diamagnetismo, e apenas nos casos em que existem electrões não emparelhados há uma contribuição paramagnética (ou mais complexa) na direção oposta. Alguns exemplos de materiais diamagnéticos são: bismuto metálico, hidrogénio, hélio e outros gases nobres, cloreto de sódio, cobre, ouro, silício, germânio, grafite, bronze e enxofre. Note-se que nem todos os materiais citados têm um número par de electrões.

A grafite pirolítica, que possui um diamagnetismo particularmente elevado, tem sido utilizada como demonstração visual, uma vez que uma fina camada deste material é vazada (por repulsão) sobre um campo magnético suficientemente intenso (à temperatura ambiente). Experimentalmente, verifica-se que os materiais diamagnéticos têm uma permeabilidade magnética inferior à unidade, e uma suscetibilidade magnética negativa, praticamente independente da temperatura, e geralmente da ordem (em unidades cegesimais) de e.m.u/mol, onde M é a massa molecular. Em muitos compostos de coordenação, uma estimativa mais precisa é obtida usando as tabelas de Pascal. Nos materiais diamagnéticos, o fluxo magnético diminui e nos paramagnéticos o fluxo magnético aumenta.

2.2.3. Sustentabilidade

Nas últimas décadas, a intensificação das preocupações ambientais tem tido um efeito generalizado no pensamento e no comportamento social. Do ponto de vista da população, verifica-se um aumento sustentado da procura de maior qualidade ambiental, especialmente entre os jovens. Existe também uma consciência global crescente da estreita relação entre os problemas ambientais e os de origem económica, demográfica e social e da necessidade de encontrar soluções integrais para os mesmos. Isto coincide com a perceção de que a sociedade global enfrenta, no final deste século, o esgotamento de um estilo de desenvolvimento, insustentável a médio e longo prazo, que tem sido caracterizado como prejudicial para os sistemas naturais e desigual e iníquo para as pessoas, e que é o resultado de importantes inadequações estruturais nas estratégias de crescimento adoptadas.

Por estas razões, tornou-se evidente a necessidade de avançar para um novo estilo de desenvolvimento e, por conseguinte, para uma nova concetualização do mesmo, definida pela sua sustentabilidade, tanto do ponto de vista ecológico e ambiental, como do ponto de vista social, económico e político.

Nessa direção, a proposta de transformação produtiva com eqüidade, formulada pela CEPAL e adotada pelos países membros, afirma que a América Latina e o Caribe devem crescer com eqüidade, o que inclui a igualdade entre homens e mulheres, assegurando a gestão sustentável dos recursos naturais e do meio ambiente. Para isso, dada a heterogeneidade e complexidade das situações e problemas que a região enfrenta, é necessário aplicar um enfoque integrado que inclua políticas intersetoriais com efeitos múltiplos e que ofereçam opções diversificadas, já que a superação dos problemas ambientais requer mudanças fundamentais na organização social e não apenas a introdução de mudanças técnicas (CEPAL, 1991, 1992 e 1997a).

A noção de sustentabilidade foi originalmente desenvolvida num quadro biológico-físico, como resposta à consciência da finitude dos recursos naturais. Desde o pós-guerra até ao início dos anos 70, a preocupação mundial centrou-se no crescimento económico e na acumulação de capital físico e financeiro, sendo o progresso tecnológico o símbolo deste processo. Mas, neste estilo de desenvolvimento, subestimou-se a importância de outros aspectos vitais como os recursos humanos e os sistemas naturais, institucionais e culturais (CEPAL, 1991). Diante dessa situação, na década de 1970, começaram os questionamentos, debates e estudos de diversas organizações, que, como concluiu o Clube de Roma, argumentavam que o capital natural já era escasso, não era inesgotável, e que mesmo o desenvolvimento industrial poderia danificar "sem retorno" os recursos ambientais existentes.

Assim, à medida que a necessidade de sustentabilidade, limitada ao sistema natural, começa a ser gradualmente incorporada no pensamento e no planeamento dos países com maior preponderância, em primeiro lugar, nos industrializados. Atualmente esta noção está a ser aplicada num contexto mais amplo, o que tem muitas vezes produzido confusão na sua utilização, uma vez que as implicações das políticas dela derivadas, tal como originalmente utilizadas (stocks físicos isolados), não dão os sinais quando aplicadas noutro domínio.

Por esta razão, foi-se desenvolvendo gradualmente uma concetualização mais inclusiva e abrangente, na qual são considerados os aspectos sociais, políticos e económicos, para além dos naturais, que são integrados num objetivo comum: o desenvolvimento sustentável. Esta expansão concetual começou a tomar forma no debate internacional lançado na Conferência das Nações Unidas sobre o Ambiente Humano, realizada em Estocolmo em 1972. Esta reunião abordou os problemas da pobreza e do bem-estar da população mundial. Tratou de aspectos como a habitação, a água, a saúde, a higiene e a nutrição.

No entanto, a tónica era colocada nos aspectos técnicos da poluição provocada pela industrialização, crescimento demográfico e urbanização, enfatizando as consequências negativas destes processos e, portanto, tendo uma visão marcadamente primeiro-mundista da crise ambiental. A partir desta perspetiva inicial vai acontecer em meados dos anos oitenta a convicção de que os problemas do ambiente não podem ser dissociados dos que derivam do desenvolvimento.

Consequentemente, a visão começou a centrar-se nos problemas dos países do Sul e dos sectores mais vulneráveis, incluindo as mulheres. 10 Neste contexto, a Comissão Mundial sobre o Ambiente e o Desenvolvimento (CMMAD) centrou o seu trabalho nos estilos de desenvolvimento e nas suas implicações para o funcionamento dos sistemas naturais, sublinhando que os problemas ambientais estão diretamente relacionados com a pobreza, a satisfação das necessidades básicas de alimentação, saúde e habitação, as fontes de energia renováveis e o processo de inovação tecnológica. Além disso, como os três eixos principais do desenvolvimento, o aumento da produção (crescimento económico), a distribuição adequada dos recursos (combate à pobreza) e a manutenção do ecossistema (sustentabilidade ecológica).

No seu relatório intitulado "O Nosso Futuro Comum", esta Comissão definiu a sustentabilidade como a possibilidade de "satisfazer as necessidades do presente sem comprometer a capacidade das gerações futuras de satisfazerem as suas próprias necessidades" (Comissão Brundtland, 1987). Esta definição implica a incorporação do longo prazo como elemento incontornável no planeamento do desenvolvimento, bem como a consideração intrageracional e intergeracional da equidade. Embora esta tese seja ainda válida e amplamente utilizada, não está isenta de controvérsia. Questiona-se o seu estatuto científico e as suas implicações para os programas políticos e económicos já estabelecidos e para os que se iniciam.

Esta amplitude do conceito de sustentabilidade deixa-o aberto a interpretações muito diferentes, o que tem frequentemente conduzido a erros. Segundo alguns autores, um dos problemas é a falta de consenso sobre a forma de medir o bem-estar em termos sociais. Por este motivo, são propostas definições mais complexas. Por exemplo, Robert Ayres salienta que "a sustentabilidade é concebida como um processo de mudança em que a exploração dos recursos, a direção dos investimentos, a direção do desenvolvimento tecnológico e a mudança institucional estão em harmonia e aumentam o potencial atual e futuro para satisfazer as necessidades e aspirações humanas" (citado em Arizpe, Paz e Velasquez et al., 1993).

No contexto regional, o relatório "Nossa Própria Agenda", elaborado pela Comissão de Desenvolvimento e Meio Ambiente da América Latina e do Caribe (1990), enfatizou os vínculos entre riqueza, pobreza, população e meio ambiente, e tentou lançar as bases para iniciar um processo de sustentabilidade na região. Ao mesmo tempo, a CEPAL determinou a necessidade de harmonizar os desafios de tornar as economias latino-americanas mais competitivas, promover uma maior equidade e permitir a preservação da qualidade ambiental e do património natural dos países, considerando simultaneamente a relação entre desenvolvimento e ambiente de forma sistémica.

Do mesmo modo, com base em avaliações e estudos anteriores, defendeu que "a sustentabilidade do desenvolvimento exige um equilíbrio dinâmico entre todas as formas de capital ou stocks que participam no desenvolvimento económico e social dos países, de modo a que a taxa de utilização resultante de cada forma de capital não exceda a sua própria taxa de reprodução.

Entre as formas mais importantes de capital estão o capital humano (em que as pessoas também representam o sujeito do desenvolvimento), o capital natural, os activos institucionais (sistemas de decisão), os activos culturais, o capital físico (infra-estruturas, maquinaria e equipamento) e o capital financeiro" (CEPAL, 1991, pp. 24 e 25).

O processo anterior e a Conferência das Nações Unidas sobre Ambiente e Desenvolvimento, realizada no Rio de Janeiro em 19921 , foram marcados pela consciência de que a pobreza e a degradação ambiental estão intimamente relacionadas, e a proteção do ambiente não pode ser isolada desse contexto.

Também foi acordado que o desenvolvimento sustentável exige mudanças nos padrões de produção e consumo, particularmente nos países industrializados, bem como novas formas de relações Norte-Sul. Como exemplo de como o conceito foi alargado, a Plataforma "Aliança para o Desenvolvimento Sustentável da América Central", assinada pelos governos da América Central em 1994, defende que o desenvolvimento sustentável é "um processo de mudança progressiva na qualidade de vida do ser humano, que o coloca como centro e sujeito primário do desenvolvimento, através do crescimento económico com equidade social e da transformação dos métodos de produção e padrões de consumo e que se baseia no equilíbrio ecológico e no suporte vital da região.

Esse processo envolve o respeito à diversidade étnica e cultural regional, nacional e local, bem como o fortalecimento e a plena participação dos cidadãos na convivência pacífica e em harmonia com a natureza, sem comprometer e garantir a qualidade de vida das gerações futuras. "Dessa forma, observa-se que o alcance do desenvolvimento sustentável ultrapassa os aspectos puramente ecológicos. . .

2.2.3.1. Desenvolvimento

A evolução histórica do conceito de desenvolvimento passou do seu significado referido ao domínio do orgânico produtivo, ao que o associa à industrialização e deste à consideração do desenvolvimento ligado ao mercado. Após a Segunda Guerra Mundial é criado o termo subdesenvolvimento, como o oposto de desenvolvimento, considerado o primeiro com as características de falta de capital e tecnologia para obter recursos do meio ambiente. Daí a ilusão de que os países pobres podem atingir níveis de consumo e de vida semelhantes aos dos países desenvolvidos. A crise dos anos 60 do século passado põe em causa esta visão desenvolvimentista e duvida da sua eficácia na elevação dos níveis de bem-estar e de vida.

A partir dos anos 60 e 70 do século passado e até aos dias de hoje, o debate sobre o desenvolvimento tem lugar, a partir de diferentes teorias; este processo é analisado essencialmente através das principais.

As primeiras teorizações são agrupadas sob o título geral de teorias da modernização. De acordo com esta teoria, as relações sociais capitalistas são o objetivo do que deve ser o desenvolvimento dos países subdesenvolvidos, o que se traduz no processo pelo qual as sociedades existentes nos países mencionados transitam para uma sociedade caracterizada por um certo nível de industrialização, generalização das relações mercantis e estruturas sociais e políticas semelhantes às dos países dominantes. A análise do desenvolvimento apresenta-o a partir do contraste entre a sociedade moderna e as sociedades tradicionais não-modernas. Este contraste é o núcleo básico das teorizações da modernização, cujas raízes intelectuais se encontram em alguns pensadores do século

XX, embora a fonte mais influente.

Em termos económicos, o paradigma da modernização enfatiza o crescimento económico como base da industrialização, a formação de capital resultante de uma elevada taxa de investimento, o papel do comércio internacional e o investimento estrangeiro como factores do processo de modernização. Do ponto de vista político, propagam a formação de instituições nacionais sob a égide de um Estado sob o controlo das elites modernizadoras, com um aparelho jurídico, administrativo e burocrático para desmantelar as estruturas tradicionais e permitir o funcionamento da democracia representativa burguesa.

A fraqueza fundamental das teorias da modernização é a sua identificação da sociedade desenvolvida com a sociedade capitalista industrializada e o teleologismo de que todas as sociedades terão esse destino; ignoram o conteúdo de classe, substituindo-o pelo que designam por conflito entre as elites modernizadoras e os grupos tradicionais, e ignoram o papel do sistema colonial na génese dos mecanismos de subordinação e dominação que mantêm esses países na sua condição de subdesenvolvidos.

No entanto, estas teorias forneceram elementos para a organização social dos países subdesenvolvidos e para as relações entre os factores institucionais e o desenvolvimento da tecnologia. A sua importância deve-se ao facto de, no passado, terem servido de guia na implementação de políticas imbuídas dessa racionalidade em muitos países subdesenvolvidos, constituindo o substrato ideológico das políticas que também são implementadas em muitos países.

Ao analisar as idéias da CEPAL em sua primeira fase, pode-se concluir que sua visão de desenvolvimento foi dada pela imagem oferecida pelos países industrializados do sistema e, conseqüentemente, a política de desenvolvimento que promoveu foi industrialista. As suas concepções respondiam aos interesses das fracções industriais da burguesia e de certos sectores das classes médias.

Na prática, as teorias da CEPAL têm sido as mais influentes na América Latina, por três razões:

- Primeiro, teorizaram, a partir das experiências práticas ocorridas na região nas terceira e quarta décadas do século, sobre o processo espontâneo de substituição de importações.
- Em segundo lugar, respondeu às tendências estratégicas do sistema capitalista num determinado momento do seu desenvolvimento após a Segunda Guerra Mundial.
- Em terceiro lugar, o trabalho realizado pela CEPAL fez com que as suas

recomendações se transformassem em muitos países em termos de políticas práticas ... "são ideias que foram surgindo à medida que abordavam problemas concretos da realidade latino-americana" (Prebisch , 1980)

2.2.3.2. Desenvolvimento sustentável

Desenvolvimento Sustentável, termo aplicado ao desenvolvimento económico e social do presente sem pôr em risco as gerações futuras (Passos, 2011). Para além da noção anterior de desenvolvimento sustentável, coexistem dois conceitos fundamentais na utilização e gestão sustentável dos recursos naturais do planeta. O primeiro é que as necessidades básicas da humanidade devem ser satisfeitas. O segundo, o nível de tecnologia e organização social; que é a aplicação do conhecimento científico ou organizado a tarefas práticas através de sistemas ordenados que incluem pessoas, organizações, organismos vivos e máquinas (Rivas, 2004).

Segundo Kramer, Fernando, na sua obra "Educação Ambiental para o Desenvolvimento Sustentável", o modelo de desenvolvimento assenta, há pouco mais de duzentos anos, no mito do crescimento económico contínuo e da procura crescente de recursos naturais. Como resultado, a vida do planeta está ameaçada, a manutenção da população mundial não está garantida e prevê-se um futuro de incerteza para as gerações futuras.

Nesta obra, o autor expõe de forma clara e simples os problemas que afectam o ambiente, causas, fundamentos científicos, situação atual e futura. Algumas questões de preocupação global são: o aquecimento global, a destruição da camada de ozono, a escassez e poluição da água, a desertificação, a desflorestação e a perda de biodiversidade, a utilização sem restrições dos recursos naturais, especialmente dos combustíveis fósseis, e a produção de poluentes e resíduos. As consequências destes problemas na capacidade de sustentabilidade do ambiente e da vida em geral e da vida humana em particular são evidentes perante a realidade do elevado crescimento demográfico dos países menos favorecidos, cujas condições de subsistência são hoje dramáticas e o seu futuro, incerto.

O autor salienta as características essenciais do desenvolvimento sustentável nas suas vertentes ambiental, económica e ética como forma essencial de canalizar estes problemas e permitir tanto a manutenção dos equilíbrios naturais básicos que regem a biosfera como uma vida digna para os seres humanos, sem exclusões. Aponta que a educação ambiental é um instrumento fundamental nessa tarefa. Cabe-lhe consolidar a crescente consciencialização destes problemas, fornecendo os conhecimentos sólidos necessários à sua compreensão e formando as pessoas em torno de uma nova ética que seja o motor de uma mudança de atitudes no indivíduo (Kramer, 2003)

O "Nosso Futuro Comum" (nome original do Relatório Brundtland) foi a primeira tentativa de eliminar o confronto entre desenvolvimento e sustentabilidade. Apresentado em 1987 pela Comissão Mundial das Nações Unidas para o Ambiente e o Desenvolvimento, chefiada pela norueguesa Dra. Gro Harlem Brundtland, que trabalhou na análise da situação mundial da época e mostrou que o caminho que a sociedade global tinha seguido estava a destruir o ambiente, por um lado, e a deixar cada vez mais pessoas na pobreza e na vulnerabilidade, por outro. O objetivo deste relatório era encontrar formas práticas de inverter os problemas ambientais e de desenvolvimento do mundo e, para o conseguir, passaram três anos em audiências públicas e receberam mais de 500 comentários escritos, que foram analisados por cientistas e políticos de 21 países e de diferentes ideologias. Como esta obra indica, o trabalho de tantas pessoas com histórias e culturas diferentes tornou necessário reforçar o diálogo, para que o resultado seja mais do que qualquer um deles individualmente.

O documento argumentava que a proteção do ambiente tinha deixado de ser uma tarefa nacional ou regional para se tornar um problema global. Todo o planeta deve trabalhar para inverter a atual degradação. O relatório salienta ainda que devemos deixar de ver o desenvolvimento e o ambiente como questões separadas. O relatório afirma que "ambos são inseparáveis". Por último, salientou que o desenvolvimento deixou de ser um problema exclusivo dos países que não o têm.

Já não se tratava de os "pobres" seguirem o caminho dos "ricos". Como a degradação do ambiente é uma consequência tanto da pobreza como da industrialização, ambos tinham de procurar um novo caminho? A importância deste documento não reside apenas no lançamento do conceito de desenvolvimento sustentável, definido como aquele que satisfaz as necessidades do presente sem comprometer as necessidades das gerações futuras, mas foi incorporado em todos os programas da ONU e serviu de eixo, por exemplo, à Cimeira da Terra realizada no Rio de Janeiro em 1992 (Programa das Nações Unidas para o Ambiente [PNUA, 2000]).

Como assinala Loperena, Demetrio, no seu livro Desenvolvimento Sustentável e Globalização, afirma que a Cimeira da Terra mencionada no parágrafo anterior foi denominada "Conferência das Nações Unidas sobre Ambiente e Desenvolvimento", na qual estiveram representados 178 governos, incluindo 120 líderes de Estado. Os resultados da cimeira incluem convenções globais sobre biodiversidade e clima, uma Constituição da Terra de princípios básicos, e um programa de ação, chamado Agenda 21, que deixa clara a necessidade de fazer mudanças fundamentais para alcançar o desenvolvimento sustentável. No entendimento de que o desenvolvimento sustentável não é um conceito puramente ambiental, é um equilíbrio entre o desenvolvimento social, o desenvolvimento económico e a proteção ambiental a todos os níveis (Loperena, 2003).

Capítulo III. Secção metodológica

Este capítulo apresenta a parte da investigação que descreve a metodologia geral seguida neste estudo, organizada em seis secções; na primeira, a região onde a investigação foi desenvolvida com uma visão geral da mesma, a segunda secção descreve a metodologia considerada para o desenvolvimento da investigação, na terceira secção, o método onde o procedimento desenvolvido é especificado, A quarta secção fornece as técnicas ou métodos utilizados na recolha de informações, na quinta secção, são apresentadas as unidades ou temas de análise e na sexta e última secção, é apresentada a análise das informações que descrevem a estratégia para identificar as causas e os efeitos da supercondutividade e do magnetismo.

3.1. Panorama da região

Como se pode ver no mapa da região noroeste do México, San Luis Rio Colorado situa-se no meio da região que delimita esta investigação, pelo que é descrita de acordo com a informação da página da Câmara Municipal;

. http://sanluisrc.gob.mx/nuestro-municipio/conoce-san-luis/

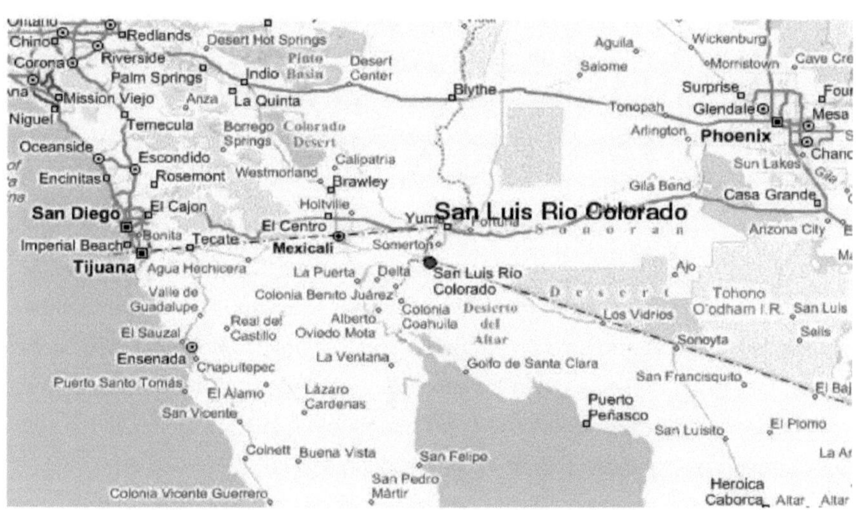

O município está localizado no extremo noroeste do Estado de Sonora, a sua cabeça é a população de San Luis Rio Colorado e está localizado no paralelo 32º 30 'latitude norte e 114º 46' longo a oeste do meridiano de Greenwich, a uma altura de 27 metros acima do nível do mar.

Faz fronteira a norte com os Estados Unidos da América, a sul com o Golfo da Califórnia, a leste com o município de Puerto Penasco e a oeste com o estado da Baixa Califórnia.

A leste da cidade começa o Grande Deserto de Sonora, também conhecido como o Deserto do Altar. Ao sul está o vale de San Luis, uma área desértica e a foz do Rio Colorado no Mar de Cortez.

Extensão territorial, tem uma área de 8412,75 quilómetros quadrados, o que representa 4,54 por cento do total do estado e 0,43 por cento do nacional.

Orografia, O seu território é desértico na sua totalidade, e faz parte do deserto de Altar; destacam-se as serras de El Tule, El Bumbador, El Rosario, Las Pintas, La Tinaja e Malpais.

Hidrografia, Corresponde à bacia do rio Colorado que provém dos Estados Unidos da América do Norte. Este rio serve de limite num pequeno troço com o estado da Baixa Califórnia e termina no golfo com o mesmo nome. A ribeira de Santa Clara também tem a sua origem no país vizinho, penetra no município e desagua no rio anteriormente referido, junto à sua foz. Na sua costa encontram-se as seguintes características geográficas: a foz do rio Colorado, o estuário do rio Colorado, Punta Invincible, Puerto Isabel, Boca del Rio, Baía do Golfo de Santa Clara e o ilhéu Pelicano.

Clima, O município de San Luis Rio Colorado tem um clima muito seco, com uma temperatura média mensal máxima de 33,7 o C em julho e agosto e uma média mensal mínima de 12,5 o C nos meses de dezembro e janeiro. A temperatura média anual é de 22,8 o C. As chuvas são muito escassas, ocorrendo nos meses de outubro a janeiro, com uma precipitação média anual de 27,4 milímetros.

Na flora, predomina na maior parte do concelho a vegetação típica dos desertos arenosos, como o governador, o cato pato, a erva do burro, a algaroba, etc. Na parte costeira do Golfo de Santa Clara, existe vegetação do tipo matagal desértico microfílico; existem também pequenas porções de zonas do solo do município com matagal sarcocaule, como copal, torote branco, matacora, choya, etc. Na fronteira com o estado de Baja California Norte, grandes extensões de terra são dedicadas à agricultura de regadio; na região da foz do rio Colorado, observam-se algumas áreas sem vegetação aparente.

Fauna, destacam-se as seguintes espécies faunísticas: Anfíbios: rã e sapo boi. Répteis: tartaruga do deserto, camaleão, cubora, chicotera, víbora surda, coralillo, cobra e cascavel. Mamíferos: bura, tlacuache, raposa cinzenta, javali, guaxinim, texugo, coelho, esquilo, pronghorn e veado de cauda branca. Aves: pomba-tartaruga, churea, pássaro carpinteiro lenhoso, pega-rabuda, cardeal, sabiá-preto, urubu, falcão, urubu, falcão-preto e huilota.

1.1.1 Vulcão El Pinacate em Sonora

O Deserto de El Pinacate e Gran Altar é considerado uma das regiões prioritárias do México por estar imerso no Deserto de Sonora, um deserto com origem climática tropical-subtropical e um padrão de precipitação que permite uma grande riqueza biológica (Houk, 2000).

Dos quatro desertos da América do Norte, o Sonoran é o que contém a maior diversidade. Abrange também o território pertencente a Sonora, uma parte da Baja California e Baja California Sur no México, bem como o Arizona e a Califórnia nos Estados Unidos. Devido à sua variação climática e ambiental, é possível encontrar mais espécies de plantas e animais do que nos desertos de Chihuahuan, Great Basin e Mojave. Devido à sua grande biodiversidade, existem mais áreas protegidas no deserto de Sonora do que em qualquer outro deserto do mundo (Cornett, 1997).

El Pinacate e o Grande Deserto do Altar é um lugar mágico de beleza desolada, criaturas invulgares, plantas únicas e características geológicas notáveis. É o maior campo de dunas activas da América do Norte e apresenta as invulgares dunas em forma de estrela. Na área encontra-se um espetacular escudo vulcânico, onde existem fluxos de lava, cones cineríticos e as impressionantes crateras gigantes do tipo Maar. Por outro lado, os jarros, raras acumulações naturais de água, abrem no leito rochoso do campo de lava ribeiros, abastecendo de água a vida selvagem. Embora se pense que o deserto é um lugar desolado, as escuras escoadas lávicas de El Pinacate, em contraste com as pálidas dunas do Grande Deserto do Altar, criam uma multiplicidade de habitats com uma enorme biodiversidade.

Na área pode encontrar mais de 540 espécies de plantas vasculares, 40 espécies de mamíferos, 200 aves, 40 répteis, bem como anfíbios e peixes de água doce. Existem espécies endémicas, ameaçadas e em perigo de extinção. Aparentemente desolado, El Pinacate e Gran Altar Desert é uma vasta coleção de vestígios arqueológicos que datam de há mais de 20.000 anos; é um sítio cultural importante para os Tohono O'odham que consideram que a origem da sua criação ocorreu no Pico Pinacate e onde ainda hoje realizam cerimónias sagradas.

Pela beleza exuberante das suas formações geológicas, pela incrível riqueza biológica e paisagística; Por ser um testemunho mudo e valioso da ocupação humana há mais de 20.000 anos; Centro de criação do universo segundo a cosmogonia do povo O'odham e local sagrado para este; Área de padrões frágeis em termos arqueológicos e sítio de grande valor histórico e cultural, o governo do México, a pedido de inúmeros grupos ambientalistas, cientistas e da população em geral, decidiu decretar a Reserva da Biosfera El Pinacate e Deserto do Gran Altar, em 10 de junho de 1993, com uma área de 714.556 hectares.

El Pinacate faz parte da rede de Reservas do Homem e da Biosfera (MAB) da UNESCO desde 25 de outubro de 1995. Para além da nomeação das zonas húmidas de água doce como Sítio Ramsar em 25 de setembro de 2007, faz simultaneamente parte da rede de Reservas Irmãs do Deserto de Sonora, que protege uma vasta e bem conservada faixa fronteiriça entre o Arizona (Estados Unidos) e Sonora (México), de acordo com informações da página; http://elpinacate.conanp.gob.mx/

1.1.2. Vulcão El Cerro Prieto em Baja California Norte

O vulcão Cerro Prieto dá nome ao campo geotérmico que se encontra nas suas imediações, bem como a uma delegação municipal de Mexicali, cujo chefe é Michoacan de Ocampo, e a diversas localidades desta delegação. Este monte foi um elemento geográfico de destaque provavelmente desde o povoamento da América. Mas sabe-se que desde a época da conquista e possivelmente até aos alvores da criação do vale de Mexicali, existia a chamada Laguna de los volcanes, que representava uma pausa para os viajantes no deserto do Colorado, que atualmente se encontra inundada pelas águas residuais do processo da central geotérmica, segundo informação obtida na página; https://es.wikipedia.org/wiki/Cerro Prieto.

A etnia Cucapa tem pelo menos duas lendas na sua tradição oral, sobre a formação do vulcão Cerro Prieto. Em uma dessas histórias, uma bruxa habitante de uma caverna, dizima os Cucapa a ponto de deixar uma família, matando um dos membros dessa última família, a raiva e a vingança do irmão da última de suas vítimas, é morto e queimado por ela; de seu assado e cinzas é que surge o Cerro Prieto. Na outra história, uma mulher fere um animal e na sua agonia chafurda-se numa lagoa deixando como marca o vulcão Cerro Prieto.

Perto do lado oriental do vulcão Cerro Prieto, podem ver-se as várias antenas que aí estão instaladas aproveitando a condição de Otero do vulcão, bem como o fim do caminho ou brecha de ascensão que se abriram nesta discreta elevação.

3.2. Metodologia considerada para o desenvolvimento da investigação

Neste sentido, este método de investigação tenta explicar a força de associação ou correlação entre as variáveis de supercondutividade, magnetismo e sustentabilidade, a generalização e objetivação dos resultados, através da análise de amostras petrificadas da região, especificamente da superfície dos Vulcões; El Pinacate e Cerro Prieto (Hernandez, Fernandez e Batista, 2003, p. 117).

A pesquisa metodologicamente considera o desenvolvimento de duas etapas, uma documental e a outra experimental ou de campo. A primeira realizada de janeiro a dezembro do ano de 2016 corresponde a revisão documental para o desenvolvimento da fundamentação teórica referente aos três eixos principais revisados na investigação, ou seja, o eixo da supercondutividade, o eixo do magnetismo e o eixo da sustentabilidade e A segunda realizada de janeiro a março de 2017, identificar qualquer efeito nos materiais das amostras que apresentem resistência à passagem da corrente eléctrica nula e o diamagnetismo perfeito na repulsão dos campos magnéticos, identificação a partir da qual é possível apreciar, não só a sua presença, mas também compreender como estes efeitos poderiam ser obtidos ou imitados à temperatura ambiente, para favorecer o desenvolvimento sustentável.

Uma vez que esta investigação procura especificar propriedades importantes dos fenómenos provocados pela supercondutividade e pelo magnetismo quando submetidos a uma análise, permitindo pormenorizar situações e acontecimentos, isto é, como é? E como se manifesta? Fenómeno (Hernandez, Fernandez e Batista, 2003).

3.3. Método considerado no trabalho de campo

Foi realizada uma investigação de campo para encontrar materiais que, no seu estado natural e à temperatura ambiente, apresentem os efeitos da supercondutividade e do magnetismo na região vulcânica dos desertos do Altar em Sonora e Baixa Califórnia Norte. Foram recolhidas aleatoriamente 1000 amostras de materiais petrificados de diferentes locais da região e submetidas a testes laboratoriais electromagnéticos para determinar os seus parâmetros de resistência eléctrica, magnetismo, temperatura e condutividade.

3.4. Técnicas utilizadas para obter os parâmetros de supercondutividade e magnetismo

A técnica de Kelvin ou de quatro pontos foi utilizada para determinar a resistência eléctrica, uma vez que quando a resistência a medir é muito baixa e o seu valor pode ser da ordem das resistências de contacto (0,02 Ω) é necessário medir por este método (Gil e Rodriguez, 2001).

Esta técnica consiste em aplicar uma corrente conhecida, ligando uma fonte de corrente de referência estável e calibrada aos extremos 1 e 2 da resistência desconhecida RX, como indicado na figura no final deste parágrafo, e medir com um voltímetro a queda de tensão provocada em RX nos pontos 3 e 4, sempre escolhidos no interior de 1 - 2.

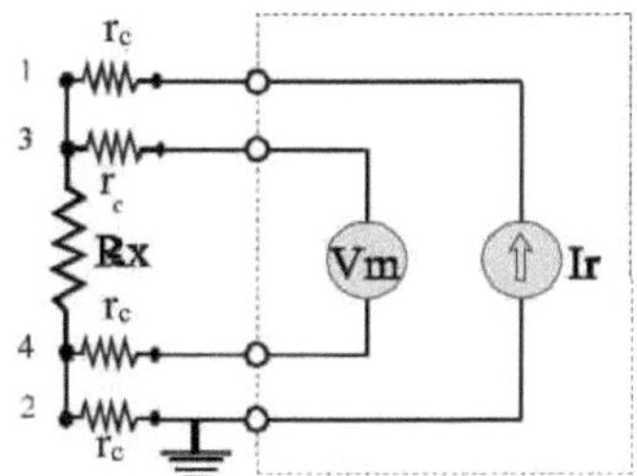

Esquema do método de Kelvin ou das 4 pontas.

Podemos ver que a passagem de uma corrente pequena mas apreciável pelos pontos de contacto 1 e 2 provoca uma queda de tensão nos mesmos, para além da queda gerada nos condutores que vão de 1 e 2 ao aparelho de medida. A tensão em Rx é medida nos terminais V_{34} com dois condutores independentes. Como estes formam, juntamente com o voltímetro, uma malha de alta impedância, a corrente que a atravessa será muito menor do que a do circuito da fonte de corrente. Por conseguinte, as quedas de tensão nos contactos e nos cabos (concentradas nesta figura em r_c) serão agora muito menores e podem ser desprezadas em relação à tensão a medir.

As resistências concentradas rc podem ser negligenciadas porque estas duas condições IV << Ir e Rv >> Rx são cumpridas.

Uma vez obtidas as leituras da tensão (Vm) e da corrente (Ir), aplica-se a Lei de Ohm para determinar a resistência eléctrica RX $R_x = V_m / I_r$

Para detetar o efeito diamagnético, foram utilizados ímanes de neodímio na formação dos campos magnéticos, que repeliram as amostras que apresentaram este efeito.

3.5. Análise das informações

Foram recolhidas 1000 amostras de materiais dos diferentes sítios vulcânicos da região e submetidas a ensaios electromagnéticos para determinar os seus parâmetros de resistência eléctrica, magnetismo, temperatura e condutividade. Devido ao objetivo da investigação de encontrar materiais supercondutores à temperatura ambiente, foram registados apenas os dois efeitos principais da supercondutividade para cada uma das amostras, que são os da resistência nula à passagem da corrente eléctrica e o efeito diamagnético que é o de repelir os campos magnéticos. Isto foi feito à temperatura ambiente e à temperatura do Azoto líquido, considerando-se a amostra como supercondutora quando apresenta simultaneamente os dois efeitos; resistência eléctrica que tende para zero e repelência de campos magnéticos.

Capítulo IV. Análise dos resultados

Esta secção inclui a parte da investigação que descreve a forma como os resultados da investigação foram apresentados em duas secções; a primeira refere-se às conclusões mais importantes das referências consultadas e a segunda corresponde às conclusões encontradas na investigação no terreno.

4.1. Descrição das conclusões nas referências consultadas

Verificou-se que os materiais supercondutores:

- Suportam mais corrente eléctrica.
- Conduzir eletricidade sem perda de energia.
- Não têm resistência e não geram calor quando lhes é aplicada corrente eléctrica.
- Criar fortes campos magnéticos.
- São aceleradores de partículas.
- São detectores de campos magnéticos, dispositivos supercondutores de interface quântica (SQUIDS).
- Detectam campos magnéticos do cérebro (Magnetoencefalogramas).
- Utilizado em exames de imagiologia médica (ressonância magnética).
- São utilizados em motores supercondutores mais pequenos (empresa Sumitomo, no Japão).
- Utilizado nos comboios que levitam sobre carris magnéticos (Japão).
- São utilizados em comboios de levitação magnética supercondutora (Brasil)
- Gerar, conduzir e armazenar eletricidade de forma mais eficiente

4.2. Descrição dos resultados da investigação no terreno

Verificou-se que os efeitos da supercondutividade nos materiais submetidos aos ensaios em laboratório só aparecem a temperaturas muito baixas, corroborando o que já foi feito noutras investigações. A tabela seguinte resume os resultados obtidos na experimentação à temperatura ambiente.

Tabela 1. Material à temperatura ambiente

Amostra	A resistência eléctrica	Diamagnético	Supercondutividade

	tende para zero		
Da M1 à M1000	Não	Não	Não

A tabela seguinte resume os resultados obtidos com a experimentação à temperatura do Azoto líquido, uma vez que com esta a temperatura nas amostras foi reduzida para análise.

Tabela 2. Temperatura do nitrogénio líquido Material

Amostra	A resistência eléctrica tende para zero	Diamagnético	Supercondutividade
Da M1 para a M33	Não	Não	Não
M34	Sim	Sim	Sim
Da M5 para a M68	Não	Não	Não
M69	Sim	Sim	Sim
Do M70 ao M1000	Não	Não	Não

Capítulo V. Discussão e conclusões

Neste capítulo apresentamos primeiro a discussão, depois as conclusões, em seguida fazemos uma série de recomendações, propomos também outras possíveis linhas de investigação, em seguida as referências bibliográficas são listadas de acordo com os critérios da APA e, finalmente, os Anexos da investigação.

5.1. Discussão da investigação

Em abril de 1986, foi anunciada a descoberta de novos materiais supercondutores que eram cerâmicos e tinham uma temperatura de transição mais elevada do que qualquer um dos materiais existentes. Ao escrever estas linhas, a temperatura crítica de supercondutor mais elevada relatada é de cerca de 135K, muito acima da temperatura de ebulição do azoto líquido, que é um refrigerante muito económico e fácil de obter. Há também indicações muito prometedoras de que as temperaturas de transição podem ser atingidas acima dos 200K.

A descoberta deste novo tipo de supercondutores foi efectuada por J. C. Bednorz e K. A. Müller num laboratório de investigação da empresa IBM em Zurique, na Suíça. Pela primeira vez, após mais de 12 anos, foi possível encontrar uma substância com uma temperatura de transição superior a 23,3 Kelvin. Na sua investigação, leram um artigo científico que é uma peça-chave no seu trabalho. Era da autoria dos cientistas franceses C. Michel, L. Er-Rakho e B. Raveau, e apresentava um novo material cujas características de ser um novo óxido metálico de cobre de valência mista o tornavam candidato ideal para apresentar supercondutividade, de acordo com as hipóteses de trabalho de Bednorz e Müller. A composição deste material é: BaLa4Cu5 013 · 4. Bednorz e Müller começaram a explorar as suas propriedades, variando a concentração de Ba. Na primavera de 1986 publicaram o seu artigo anunciando a supercondutividade a uma temperatura de 35 Kelvin nesta classe de compostos. Nestes, a disposição dos iões corresponde a uma geometria tipicamente conhecida como perouvskite e é muito comum entre os materiais chamados ferroeléctricos (Gomez, Valencia e Jesus, 2016).

Os rápidos progressos registados na procura de materiais deste tipo, com temperaturas de transição supercondutoras cada vez mais elevadas, foram verdadeiramente surpreendentes. Poucos avanços científicos, se é que houve algum, geraram um fluxo tão frenético de atividade científica em todo o mundo e, ao mesmo tempo, um interesse imediato e muito grande por parte do público em geral. O que a grande maioria pensava ser impossível é agora algo real e palpável: ter supercondutividade a temperaturas superiores ao azoto líquido. O trabalho de Bednorz e Müller valeu-lhes o Prémio Nobel da Física em 1987.

Quase imediatamente após o anúncio da descoberta de Bednorz e Müller, muitos grupos de cientistas de todo o mundo começaram a tentar obter temperaturas de transição mais elevadas. Um dos grupos mais bem sucedidos foi o do Dr. Paul Chu, da Universidade de Houston, um dos primeiros a aperceber-se da importância da descoberta de Bednorz e Müller, que se dedicou inteiramente à investigação deste tipo de materiais. Rapidamente descobriram que a temperatura crítica podia ser aumentada para 57 Kelvin através da aplicação de pressão sobre o material. Tanto a magnitude da alteração da temperatura crítica como o facto de esta aumentar com a pressão aplicada eram anormais quando comparados com os supercondutores conhecidos antes destes novos materiais. Com isto em mente, Chu e os seus colegas começaram a procurar formas de simular uma "pressão interna" nestes materiais, substituindo o lantânio (La) por iões semelhantes, como o ítrio (Y). No final de fevereiro de 1987, Chu anunciou que tinha encontrado um composto que tinha uma temperatura de transição para o estado supercondutor superior a 90 Kelvin. A composição deste material é dada por YBa2Cu3Ox. Quase em simultâneo foi anunciada a obtenção de um material de composição semelhante e propriedades semelhantes na China. Em poucos dias, com composições variantes da relatada por Chu e seus colaboradores, uma dúzia de grupos em todo o mundo relataram a obtenção de materiais supercondutores cerâmicos com temperaturas de transição superiores a 90 Kelvin, que já foram preparados na Universidade Nacional Autónoma do México; a forma de os sintetizar é muito simples e pode ser feita com a tecnologia de que dispõem os países do chamado Terceiro Mundo.

É muito claro que ter materiais supercondutores com uma temperatura crítica acima do azoto líquido é uma realidade no nosso país e em muitas outras nações do terceiro mundo. Também começa a ser muito claro que, com eles, o mundo não voltará a ser o mesmo. É muito provável que, mais uma vez, a física venha a mudar o nosso modo de vida, como aconteceu com o advento do motor elétrico, do transístor, etc.

É de notar que as perouvskitas de cobre e oxigénio, os novos materiais supercondutores, tinham sido bem estudadas, especialmente por Raveau, Michel et al. Grande parte do seu trabalho lançou as bases para um rápido progresso imediatamente após a descoberta de Bednorz e Müller. O interesse inicial por estes materiais residia na elevada mobilidade do oxigénio a temperaturas elevadas, que alterava o seu comportamento elétrico, pelo que uma das suas aplicações possíveis era a de sensor de oxigénio. Muitos estudos tornaram agora claro que as propriedades supercondutoras do ítrio, bário (Ba) e cobre (Cu) (muito conhecido como 1-2-3, devido à sua composição: YBa2Cu3Ox) dependem criticamente da quantidade e da ordem do oxigénio, que por sua vez depende dos detalhes do processo para a sua obtenção.

5.2. Conclusões do inquérito

Os efeitos da supercondutividade até ao momento só ocorrem em alguns materiais e a temperaturas muito baixas, no entanto nada indica que não exista um material ou uma combinação de materiais que possa produzir os efeitos da supercondutividade a outras temperaturas.

A procura de uma compreensão teórica da supercondutividade a altas temperaturas é considerada um dos mais importantes problemas não resolvidos da física.

5.3. Recomendações

- Recomenda-se que se continue a procurar materiais ou misturas de materiais que apresentem os efeitos da supercondutividade e do magnetismo à temperatura ambiente, como a resistência nula à passagem de uma corrente eléctrica e o diamagnetismo perfeito que repele os campos magnéticos.
- Desenvolver uma técnica que, à temperatura ambiente, possa imitar o comportamento dos átomos quando a supercondutividade e o diamagnetismo ocorrem a temperaturas próximas do zero absoluto.

5.4. Linhas de investigação futuras

- Propriedades físicas dos materiais supercondutores.
- Estudar a supercondutividade de acordo com a geometria da amostra.
- Medir a supercondutividade com base na frequência.
- Conceber e construir um detetor de supercondutividade.
- Conceber e construir um gerador de energia eléctrica supercondutor.

Referências bibliográficas

A cook's tale", Paul C. August (2009). Canfield - Física da Natureza, Comentário (Vol 5)

Bell, José. (2000). Tese em opção ao grau científico de Doutor em Ciências Filosóficas.

Bosco, João. (1996) Trabalho com grupos e mobilização comunitária. CINDE-

USCO, p. 6, Bogotá.

Brugnoni, M. (2008). Eficiência energética em redes de transmissão e distribuição de energia elétrica. Congresso Latino-americano de Distribuição de Energia. Argentina, Marde Plata.

Finkel, L. (1995). A organização social do trabalho. Ediciones Piramides, p. 50, Madrid.

Gil, S. e Rodriguez, E. (2001), Física re-criativa, BuenosAires - Prentice-Hall.

Gomez-Cuaspud, Jairo A Valencia-Rios, Jesùs S. SÍNTESE DE ÓXIDOS DO TIPO PEROVSKITA POR POLIMERIZAÇÃO COM ÁCIDO CÍTRICO E PROPIONICO [PDF]. [Consulta: 25 de junho de 2016] Disponível em: http://www.redalyc.org/pdf/3090/309026681008.pdf

Http://www.conae.gob.mx/work/sites/CONAE/resources/LocalContent/4830/2/sem blanza.pdf. Consultado em setembro de 2015.

J. Gazquez, R. Guzman, R. Mishra, E. Bartolomé, J. Salafranca, C. Magén, M. Varela, M. Coll, A. Palau, S. M. Valvidares, P. Gargiani, E. Pellegrin, J. Herrero- Martin, S. J. Pennycook, ST Pantelides, T. Puig, X. Obradors "Ferromagnetismo diluído emergente em supercondutores de alto Tc impulsionados por clusters de defeitos pontuais" *Ciência Avançada, (*2016). DOI: 10.1002/advs.201500295

Magana, L. (2012). Supercondutores; 4ª ed. México: FCE, SEP, Conacyt.

Normas Oficiais Mexicanas sobre Eficiência Energética Atual (ver documentos). Http://www.conuee.gob.mx/wb/CONAE/CONA_1002_nom_publicadas_vigen.

Consultado em setembro de 2014.

Miquelina, T. e Manduca, R. (1975) Teorias interpretativas do subdesenvolvimento. In: Cadernos de Solidariedade Venezuelana de Planificação Nº 124-127, maio-agosto, Caracas.

Comissão Nacional para o Uso Eficiente de Energia, CONUEE (2011). Guia para a elaboração de um diagnóstico energético em instalações. Sítio Web:

http://www.conae.gob.mx/work/sites/CONAE/resources/LocalContent/7406/1/R_GUIA3_Diagnostico_Instalacion.pdf. Consultado em setembro de 2015.

Nothing Up My Sleeve: The Meissner Effect [online]. Florida: Laboratório Nacional de Alto Campo Magnético, (2014). [Consulta: 25 de junho de 2016]. Disponível em: http://www.magnet.fsu.edu/education/tutorials/magnetacademy/superconductivity10Vpage7.html/

Pasos, L. (2011). Propriedade e desenvolvimento sustentável. ARIEL. México, D. F. ISBN: 978-607-7626-96-1

Raymond A. Serway, Robert J. Beichner (2004). Física para ciências e engenharia. Ed. Mc Graw Hill; Quinta Edição, Volume II. México.

Rivas, David M. (coord.) (2004). Desenvolvimento sustentável e estrutura económica mundial. Madrid. CIDEAL.

Sinché, J. e Urbina, J. (2011). Tese: desenho e proposta de um plano de gestão para melhorar a eficiência energética elétrica na empresa avícola Yugoslavia S.A. C. Laureate International Universities. Trujillo. Peru.

Supercondutividade. Diamagnetismo Perfeito [online]. [Consulta: 25 de junho de 2016].

Disponível em: http://deliquios.blogspot.com/2008/07/superconductividad-diamagnetismo.html

Printed by Books on Demand GmbH, Norderstedt / Germany